高等职业学校建筑电气专业指导委员会规划推荐教材

建筑电气施工组织管理

主 编 刘春泽
副主编 裴 涛
主 审 柴 秋

中国建筑工业出版社

图书在版编目（CIP）数据

建筑电气施工组织管理/刘春泽主编. —北京：中国建筑工业出版社，2004
高等职业学校建筑电气专业指导委员会规划推荐教材
ISBN 978-7-112-06204-1

Ⅰ. 建… Ⅱ. 刘… Ⅲ. ①房屋建筑设备：电气设备—建筑安装工程—施工组织—高等学校：技术学校—教材②房屋建筑设备：电气设备—建筑安装工程—施工管理—高等学校：技术学校—教材 Ⅳ. TU85

中国版本图书馆 CIP 数据核字（2003）第 122855 号

高等职业学校建筑电气专业指导委员会规划推荐教材
建筑电气施工组织管理
主　编　刘春泽
副主编　裴　涛
主　审　柴　秋

*

中国建筑工业出版社出版、发行（北京西郊百万庄）
各地新华书店、建筑书店经销
世界知识印刷厂印刷

*

开本：787×1092 毫米　1/16　印张：11¾　字数：286 千字
2004 年 2 月第一版　2011 年 8 月第九次印刷
定价：**21.00** 元
ISBN 978-7-112-06204-1
（20907）

版权所有　翻印必究
如有印装质量问题，可寄本社退换
（邮政编码　100037）

本社网址：http://www.cabp.com.cn
网上书店：http://www.china-building.com.cn

本书是根据高等职业学校建筑电气专业的教学需求编写的，体现高等职业学校的要求和特点，贯彻理论结合实际和注重能力培养的原则，内容上考虑了电气工程的新技术成果，综合了目前建筑电气施工组织与管理常用的基本原理、方法、步骤、技术以及现代化科学成果。

全书共分六章，包括电气安装工程，工程招投标与工程合同，施工企业管理，流水施工组织，网络计划技术，施工组织设计等内容。

* * *

责任编辑：田启铭　姚荣华
责任设计：孙　梅
责任校对：刘玉英

前　言

　　本书是根据高等职业学校建筑电气专业的教学需求编写的。在编写过程中，力求体现高等职业学校的要求和特点，贯彻理论结合实际和注重能力培养的原则，在内容上考虑了电气工程的新技术成果，同时编写了必要的例题、思考练习题以满足教学需要。

　　本书综合了目前建筑电气施工组织与管理中常用的基本原理、方法、步骤、技术以及现代化科学成果，并采用了最新版《工程网络计划技术规程》。针对本学科具有的实践性强、涉及面广、发展较快、综合性大等特点，同时结合高等职业学校培养应用型人才的特点，编写中力求做到结合工程实际，解决实际问题，既保证全书的系统性和完整性，又体现内容的先进性、适应性、可操作性，便于案例教学和实践教学。

　　本书共分六章，主要包括：电气安装工程，工程招投标与工程合同，施工企业管理，流水施工组织，网络计划技术，施工组织设计等内容。

　　本书由沈阳建筑工程学院职业技术学院刘春泽、裴涛、韩俊玲编写。其中刘春泽编写第一章、第二章、第三章，裴涛编写第四章、第六章，韩俊玲编写第五章。本书由刘春泽任主编，黑龙江建筑职业技术学院柴秋任主审。

　　由于编者水平有限，书中会有不妥之处，在此恳请广大读者提出宝贵意见。

编者

目 录

第一章 电气安装工程 ... 1
第一节 安装工程施工组织与管理 ... 1
第二节 基本建设程序 ... 2
复习思考题 ... 8

第二章 工程招投标与工程合同 ... 9
第一节 工程招标与投标 ... 9
第二节 建设工程施工合同 ... 14
复习思考题 ... 19

第三章 施工企业管理 ... 20
第一节 施工管理 ... 20
第二节 施工计划管理 ... 23
第三节 施工技术管理 ... 33
第四节 质量管理 ... 44
第五节 安全管理 ... 57
第六节 施工项目管理与建设监理 ... 62
复习思考题 ... 71

第四章 流水施工组织 ... 73
第一节 流水施工基本原理 ... 73
第二节 流水施工的基本参数 ... 77
第三节 流水施工组织及计算 ... 83
复习思考题 ... 90

第五章 网络计划技术 ... 92
第一节 概述 ... 92
第二节 网络图的绘制 ... 97
第三节 双代号网络计划时间参数的计算 ... 108
第四节 单代号网络计划时间参数的计算 ... 120
第五节 双代号时标网络计划 ... 125
第六节 搭接网络计划 ... 127
复习思考题 ... 134

第六章 施工组织设计 ... 136
第一节 设备安装工程施工组织总设计 ... 136
第二节 单位工程施工组织设计的编制程序和内容 ... 152
第三节 电梯安装工程施工设计 ... 165

复习思考题 ……………………………………………………………… 173
附录　建设工程施工合同 ………………………………………… 174
参考文献 ……………………………………………………………… 182

第一章 电气安装工程

第一节 安装工程施工组织与管理

随着社会经济的发展和安装技术的进步，现代安装产品的施工生产已经成为多人员、多工种、多专业、多设备、高技术、现代化的综合而复杂的系统工程。要做到提高工程质量、缩短工程工期、降低工程成本，实现安全文明施工，就必须应用科学方法进行管理，统筹安排施工全过程。而施工组织则是加强现代化施工管理、推进企业技术进步、提高企业经济效益的核心。

一、安装工程施工组织与管理概述

现代安装工程的施工是许多施工过程的组合体，可以有不同的施工顺序；安装施工过程可以采用不同的施工方法和施工机械来完成；即使是同一类工程，由于施工环境、自然环境的不同，施工速度也不一样，这些工作的组织与协调，对于高质量、低成本、高效率进行工程建设具有重要意义。

安装工程施工是指工业与民用建筑工程项目中，根据设计设置的环境功能与各生产系统的成套设备等，按施工顺序有计划地组织安排给排水、采暖通风、空调、建筑电气和设备等，然后进行检测、调试，至满足使用和投产的预期要求。

安装工程施工组织与管理就是针对施工条件的复杂性，来研究安装工程的统筹安排与系统管理的客观规律的一门学科。具体地说，就是针对安装工程的性质、规模、工期长短、劳动力、机械、材料等因素，研究、组织、计划一项拟建工程的全部施工，在许多可能方案中寻求最合理的组织与方法。编制出规划和指导施工的技术经济条件，即施工组织设计。所以，安装工程施工组织与管理研究的对象就是：如何在党和国家的建设方针和政策的指导下，从施工全局出发，根据各种具体条件，拟定合理的施工方案，安排最佳的施工进度，设计最好的施工现场平面图，同时，把设计与施工、技术与经济、全局与个体，在施工中各单位、各部门、各阶段及各项目之间的关系等更好地协调起来，做到人尽其力，物尽其用，使工程取得相对最优的经济效果。

二、安装工程施工组织与管理的基本内容

现代安装工程的施工，无论在规模上，还是在功能上都是以往任何时代所不能比拟的，因此，安装工程施工组织与管理的基本内容应包括：经营决策、工程招投标、合同管理、计划统计、施工组织、质量安全、设备材料、施工过程和成本控制等管理。作为施工技术人员和管理人员，应重点掌握施工组织、工期、成本、质量、安全和现场管理内容。

本课程是一门内容涉及面广和实践性强的高等职业教育专业技术课。它与施工技术、安装工程定额与预算，建筑企业管理等课程有密切的关系。学习本课程必须注意理论联系实际，注重掌握基本原理和重视实践经验积累两不误。通过本课程的学习，要求学生了解安装工程施工组织与进度控制的基本知识和一般规律，掌握安装工程流水施工原理和网络计划技术，具有编制施工组织总设计和单位工程施工组织设计的能力，为今后从事安装施工打下良好的基础。

第二节 基本建设程序

一、建设项目的划分

（一）基本建设

基本建设是指国民经济各部门的固定资产再生产。即是将一定数量的建筑材料、机器设备等，通过购置、建造和安装调试等活动，使之成为固定资产，形成新的生产能力或使用效益的过程。

但是固定资产的再生产并不都是基本建设。对于利用更新改造资金和各种专项资金进行的挖潜、革新、改造项目，均视作固定资产的更新改造，而不是在基本建设的范围之内。

基本建设的内容包括：建筑工程、安装工程、设备和材料的购置、其他基本建设工作。

1. 建筑工程

（1）各种永久性和临时性的建筑物、构筑物及其附属于建筑工程内的暖卫、管道、通风、照明、消防、煤气等安装工程；

（2）设备基础、工业筑炉、障碍物清除、排水、竣工后的施工渣土清理、水利工程、铁路、公路、桥梁、电力线路等工程以及防空设施。

2. 安装工程

（1）各种需要安装的生产、动力、电信、起重、传动、医疗、实验等设备的安装工程；

（2）被安装设备的绝缘、保温、油漆、防雷接地和管线敷设工程；

（3）安装设备的测试和无负荷试车等；

（4）与设备相连的工作台、梯子等的装设工程。

可见，电气安装工程是建筑安装工程的一部分。

3. 设备和材料的购置

包括一切需要安装与不需要安装设备和材料的购置。

4. 其他基本建设工作

包括上述内容以外的土地征用、原有建筑物拆迁及赔偿、青苗补偿、生产人员培训和管理工作等。

（二）基本建设的分类

基本建设是由基本建设工程项目组成的，因此基本建设的分类，也就是基本建设工程项目的分类。基本建设工程项目简称建设项目，是指按一个总体设计组织施工，建成后具有完整的系统，可以独立形成生产能力或使用价值的建设工程。例如，工业建筑中一般以一个企业（如一个钢铁公司、一个服装公司）为一个建设项目；民用建筑中一般以一个机关事业单位（如一所学校、一所医院）为一个建设项目。大型分期建设的工程，如果分为几个总体设计，则就有几个建设项目。进行基本建设的企业或事业单位称为建设单位。

基本建设项目可按不同的方式进行分类。按建设项目的规模可分为大、中、小型建设项目；按建设项目的性质可分为新建、扩建、改建、恢复、迁建项目；按建设项目的用途可分为生产性和非生产性建设项目，按建设项目的投资主体可分为国家投资、地方政府投资、企业投资、合资和独资建设项目。

一个建设项目，按其复杂程度，一般可由以下工程内容组成：

1. 单项工程

单项工程是建设项目的组成部分，一个建设项目可由一个单项工程组成，也可以由若干个单项工程组成。它是指具有独立的设计文件、独立的核算，建成后可以独立发挥设计文件所规定的效益或生产能力的工程。如工业建设项目的单项工程，一般是指能独立生产的车间、设计规定的生产线；民用建设项目中的学校教学楼、图书馆、实验楼等。

2. 单位工程

单位工程是单项工程的组成部分。

单位工程是指有独立的施工图设计并能独立施工，但完工后不能独立发挥生产能力或效益的工程。例如工厂的车间是一个单项工程，一般由土建工程、装饰工程、设备安装工程、工业管道工程、电气工程和给排水工程等单位工程组成。又如民用建筑，学校的实验楼是一个单项工程，则实验楼的土建工程、安装工程（包括设备、水、暖、电、卫、通风、空调等）各是一个单位工程。

由于单位工程既有独立的施工图设计，又能独立施工，所以编制施工图预算、施工预算、安排施工计划、工程竣工结算等都是按单位工程进行的。

3. 分部工程

分部工程是单位工程的一部分。

建筑工程是按建筑物和构筑物的主要部位来划分的。如地基及基础工程、主体工程、地面工程、装饰工程等各是一个分部工程；

安装工程是按安装工程的种类来划分的。例如工业建筑中车间的设备主体、工艺管道、给排水、采暖、通风、空调、照明各是一个分部工程。又如民用住宅，一栋宿舍是一个单位工程，则宿舍内的给排水、采暖、照明等各是一个分部工程。

4. 分项工程

分项工程是分部工程的一部分。

建筑工程是按照主要工种工程来划分的。例如土石方工程、砌筑工程、钢筋工程、整体式和装配式结构混凝土工程、抹灰工程等各是一个分项工程。

安装工程是按用途、种类、输送不同介质与物料以及设备组别来划分的。例如室内采暖是一个分部工程，则采暖管道安装、散热器安装、管道保温等各是一个分项工程；又如室内照明是一个分部工程，则照明配管、配线、灯具安装等则各是一个分项工程。

二、基本建设程序

基本建设程序是指拟建建设项目从酝酿、提出、决策、立项、审批、设计、施工到竣工验收和交付使用全过程中各项工作必须遵循的先后顺序。它反映了基本建设的客观规律，也是几十年来我国基本建设工作实践经验的科学总结。

一个建设项目的基本建设程序，一般分为决策、设计、准备、实施及竣工五个阶段，如图1-1所示。

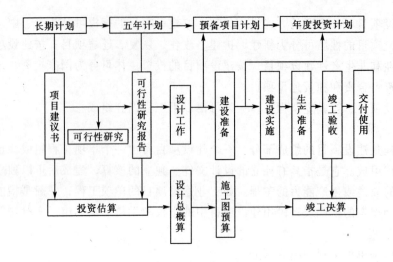

图 1-1 建设程序图

(一) 投资决策阶段

1. 项目建议书

项目建议书是业主单位向国家提出的要求建设某一项目的建议文件，是对建设项目的轮廓设想。

项目建议书的内容包括：

(1) 建设项目提出的必要条件和依据；
(2) 产品方案、拟建规模和建设地点的初步设想；
(3) 资源情况、建设条件、协作条件和引进国别、厂商的初步分析；
(4) 投资控制额和资金筹措设想；
(5) 经济效益和社会效益的初步估计。

2. 可行性研究

根据国民经济发展规划项目建议书，运用多种研究成果对建设项目投资决策前进行的技术经济论证，即可行性研究。也就是对拟建项目的主要问题进行详细的调查研究。从市场、技术和经济方面作全面分析论证，论证该项目在技术上是否可行和经济上是否合理。

可行性研究内容包括：

(1) 项目提出的背景和依据；
(2) 建设规模、产品方案、市场预测；
(3) 技术工艺、主要设备、建设标准；
(4) 资源情况、建设条件、协作关系；
(5) 建设地点、厂区布置方案、占地面积；
(6) 项目建设方案，协作配套工程；
(7) 建设工期和实施进度的建议；
(8) 投资估算和资金筹措方式；
(9) 经济效益和社会效益评价；
(10) 环境保护等。

在可行性研究的基础上，编制可行性研究报告。

3. 审批可行性研究报告

可行性研究报告的审批是国家计委或地方计委根据行业归口主管部门和国家专业投资公司的意见以及工程咨询公司的评估意见进行的。其审批权限为：投资在2亿元以上的项目，由国家计委审查后报国务院审批；中央各部门所属小型和限额以下项目由各部门审批；地方投资在2亿元以下的项目，由地方计委审批。

可行性研究报告经批准后，不得随意修改和变更，若有变动或突破投资控制数，应经原批准机关同意。经过批准的可行性报告是初步设计的依据。

4. 组建建设单位

按照规定，大中型和限额以下项目，可行性研究报告经批准后，可根据实际需要组成筹建机构，即建设单位。但一般改、扩建项目不单独设筹建机构，仍由原单位负责筹建。

（二）设计文件阶段

设计文件是安装建设项目和组织施工的主要依据。在计划任务书和选址报告批准后，主管部门即可进行招标或委托取得设计证书的设计单位，按计划任务书规定的内容编制设计文件。编制设计文件时，应根据批准的可行性研究报告，将建设项目的要求逐步具体化为可用于指导建筑施工的工程图纸及其说明书。一般项目可进行两个阶段设计，即初步设计和施工图设计，技术上比较复杂而又缺乏设计经验的项目，在初步设计完成后加技术设计阶段。

1. 初步设计

是对已批准的可行性研究报告所提出的内容进行概略设计，作出初步规定。它由文字说明、图纸和总概算所组成。它是主要设备订货、施工前期准备和控制项目投资的依据，也是施工图设计和编制施工组织总设计的主要依据。具体内容包括：

（1）设计的指导思想及依据；

（2）建设规模、产品方案、原材料和动力的来源；

（3）工艺流程、设备选型及主要设备的清单、材料用量；

（4）生产组织、劳动定员及各项主要技术经济指标；

（5）建设工期和工程总概算，主要建筑物、构筑物、公用辅助设施、占地面积等文件说明和图纸。

2. 技术设计

是对初步设计的深化，它使建设项目的设计工作更具体、更完善，更具有实践的内容，技术设计应满足下列要求：

（1）工艺技术方案逐项落实，主要设备提出规格型号、数量并提供订货；

（2）对建筑安装和有关土建工程，提出必要的技术数据和施工图，提出建设项目的全部的资金、物资、设备的计划需要量，从而可以编制施工组织总设计；

（3）明确配套工程项目、内容、规模和要求配合建成的工期；

（4）提出修正概算，并提出与建设总进度相符合的分年度所需要的资金数额。

3. 施工图设计

施工图设计必须在初步设计和技术设计的范围内进行，不得超出。施工图设计的主要内容有：

（1）建设工程总平面图、单位建筑物、结构物布置详图和平面图、立面图、剖面图；

(2) 各种标准设备的型号、规格和数量及各种非标准设备的施工图。

施工图是施工安装必用图，所以施工图设计的深度应以指导施工、编制施工图预算为准。

(三) 建设准备阶段

建设项目的初步设计和总概算经过批准后，并进行综合平衡后，才能列入年度计划，作为预备项目。列入年度计划是取得建设贷款或拨款和进行施工准备工作的主要依据。

施工准备工作的主要内容有：

(1) 对建设项目所需要的主要设备、特殊材料订货；

(2) 开工前完成土地征迁，落实临时生产、生活设施；

(3) 保证图纸和技术资料供应以及现场水、电、道路畅通；

(4) 与施工单位签订工程合同，组织好安装施工队伍。

(四) 建设实施阶段

1. 组织施工

当施工准备工作就绪后，应由建设单位或施工单位提出开工报告，经主管部门审批后方可正式开工。

施工过程中，要按照施工顺序合理地组织施工，进行文明生产。要严格按照设计的要求以及施工验收规范的规定，确保工程质量，保证计划、设计、施工三个环节互相衔接，投资、工程内容、施工图纸、设备材料、施工力量五个方面落实，做到保质、保量、保工期，全面完成施工任务。

2. 生产准备

生产准备是衔接工程建设和生产的一个不可逾越的阶段。建设单位要根据建设项目的生产技术特点，抓好投产前的准备工作。生产准备工作主要内容：

(1) 招收和培训生产人员，组织他们参加设备安装、调试和工程验收；

(2) 落实原材料、协作产品、燃料、水、电、气等的来源以及其他协作配合条件；

(3) 组织工具、器具、备品、备件的生产和购置；

(4) 组织生产经营管理机构、制定管理制度和安全操作规程、收集生产技术经济资料和产品样品等。

生产准备工作是保证实现投资效果的重要环节，所以生产准备工作要细致全面，为正式投产打下基础。

(五) 竣工验收阶段

竣工验收是全面考核建设成果，检查设计和施工质量的重要环节，由建设单位或委托监理公司组织实施。按照批准的设计文件和合同规定的内容全部施工完成的工程项目，其中生产性项目经负荷试运行和试生产合格，并能生产合格产品的，非生产性项目符合设计要求，能够正常使用的，便可组织竣工验收。

验收前，建设单位要组织设计、施工等单位进行初验，提出竣工报告，整理技术资料，分类立卷，移交建设单位保存。验收合格后，施工单位向建设单位办理工程移交，办理工程竣工结算。

三、电气安装工程的施工顺序

随着国家建设规模的发展，电气安装工程已成为建设工程的一项重要组成部分。电气安装工程包括的内容很多,如变配电装置、照明工程、架空线路、防雷接地、电气设备调试、闭路电视系统、电话通讯系统、广播音响系统、火灾报警系统与自动灭火系统等。

电气安装工程的施工程序是反映工程施工安装全过程必须遵循的先后次序。它是多年来电气安装工程施工实践经验的总结,是施工过程中必须遵循的客观规律。只有坚持按照施工程序进行施工,才能使电气安装工程达到高质量、高速度、高工效、低成本。一般情况下,电气安装工程施工程序要经过下面五个阶段。

1．承接施工任务、签订施工合同

施工单位获得施工任务的方法主要是通过投标而中标承接。有一些特殊的工程项目可由国家或上级主管部门直接下达给施工单位。不论哪种承接方式,施工单位都要检查其施工项目是否有批准的正式文件,是否列入基本年度计划,是否落实了投资等。

承接施工任务后,建设单位和施工单位应根据《合同法》的有关规定签订施工合同。施工合同的内容包括:承包的工程内容、要求、工期、质量、造价及材料供应等,明确合同双方应承担的义务和职责以及应完成的施工准备工作。施工合同经双方法人代表签字后具有法律效力,必须共同遵守。

2．全面统筹安排,做好施工规划

接到任务,首先对任务进行摸底工作,了解工程概况、建设规模、特点、期限;调查建设地区的自然、经济和社会等情况。在此基础上,拟订施工规划或编制施工组织总设计或施工方案,部署施工力量,安排施工总进度,确定主要工程施工方案等。批准后,组织施工先遣人员进入现场,与建设单位密切配合,共同做好施工规划确定的各项全局性的施工准备工作,为建设项目正式开工创造条件。

3．落实施工准备,提出开工报告

签订施工合同,施工单位做好全面施工规划后,应认真做好施工准备工作。其内容主要有:会审图纸;编制和审查单位工程施工组织设计;施工图预算和施工预算;组织好材料的生产加工和运输;组织施工机具进场;建立现场管理机构,调遣施工队伍;施工现场的"三通一平",临时设施等。具备开工条件后,提出开工报告并经审查批准后,即可正式开工。

4．精心组织施工

开工报告批准后即可进行全面施工。施工前期为与土建工程的配合阶段,要按设计要求将需要预留的孔洞、预埋件等设置好;进线管、过墙管也应按设计要求设置好。施工时,各类线路的敷设应按图纸要求进行,并合乎验收规范的各项要求。

在施工过程中提倡科学管理,文明施工,严格履行经济合同。合理安排施工顺序,组织好均衡连续施工,在施工过程中应着重对工期、质量、成本和安全进行科学的督促、检查和控制,使工程早日竣工,交付使用。

5．竣工验收,交付使用

竣工验收是施工的最后阶段,在竣工验收前,施工单位内部应先进行预验收,检查各分部分项工程的施工质量,整理各项交工验收的技术经济资料,绘制竣工图,协同建设单位、设计单位、监理单位完成验收工作。验收合格后,双方签订交接验收证书,办理工程移交,并根据合同规定办理工程结算手续。

本 章 小 结

本章主要介绍了安装工程施工与组织管理有关概念、基本建设程序以及电气安装工程的施工顺序。本章是本课程的基础。通过学习本章内容应掌握基本建设的含义及其内容；掌握基本建设工程项目的划分；了解基本建设程序的划分及其作用；注意电气安装工程同土建工程、设备安装工程的区别与联系；掌握电气安装工程的施工顺序及其同基本建设程序的区别与联系。

复 习 思 考 题

1. 什么是基本建设？它包含哪些内容？
2. 基本建设项目是如何划分的？
3. 什么是基本建设程序？它分为哪些阶段？
4. 说明电气安装工程的施工程序？

第二章 工程招投标与工程合同

第一节 工程招标与投标

一、工程招标与投标的概念与意义

（一）工程招投标的概念

工程招投标是指勘察、设计、施工的工程发包单位与工程承包单位彼此选择对方的一种经营方式，它包括招标和投标两个方面。

建筑安装工程招标指建设单位（发包单位或甲方），根据拟建工程内容、工期和质量等要求及现有的技术经济条件，通过公开或非公开的方式邀请施工单位（承包单位或乙方）参加承包建设任务的竞争，以便择优选定承包单位的活动。

投标是指施工单位经过招标人审查获得投标资格后，以同意发包单位招标文件所提出条件为前提，进行广泛的市场调查，结合企业自身的能力，在规定的期限内，向招标人填写投标书，通过投标竞争而获得工程施工任务权的过程。建筑安装工程招标与投标是法人之间的经济活动。实行招标投标的建设工程不受地区、部门限制，凡持有营业执照的施工企业，经审查合格均可参加投标。凡符合国家政策、法令和有关规定而进行招标、投标活动均受法律保护、监督。

（二）工程招投标的意义

建设工程实行招投标、承包制度，是工程建设经济体制的一项重大改革。1983年城乡建设环境保护部印发了《建筑安装工程招投标试行办法》，1984年国家计委、建设部印发了《建设工程招标投标暂行规定》，1992年发布了《建设工程招标投标管理办法》，1996年建设部印发了《建设工程施工招标投标文件范本》。这些文件的颁发，有力地规范了招投标工作的开展，使招投标工作更趋于完善。

建设工程自实行招投标、承包制以来，取得了较显著的经济效益和社会效益。主要表现在：

（1）工期普遍缩短；
（2）工程造价普遍有较合理下降；
（3）促进了工程质量不断提高；
（4）简化了工程结算手续，减少扯皮现象，密切了承发包双方协作关系；
（5）促进了施工企业内部经济责任制落实，调动了企业内部的积极性。

总之，实行建设工程招投标，是搞活和理顺建筑市场，堵塞不正之风和非法承包，确保工程质量，提高投资效益，保证建筑业和工程建设管理体制改革深入发展的一个行之有效的重要手段。

二、工程招标的方式

工程招标方式主要有以下两种：

1. 公开招标

由招标单位通过报刊、广播、电视等公开发表招标广告。广告内容一般有：招标工程概况和范围、招标形式、施工期限的要求、对投标单位的资历要求、招标程序、时间、报名地点、联系方式等。

2. 邀请招标

由招标单位向有承包能力的 3~7 家施工企业发出招标通知，通知一般需附主要工程量清单和施工平面图或示意图等，以便使被邀请单位尽快了解工程情况，确定是否参加投标。

三、招标条件

1. 建设单位具备的条件

建设单位应当具备下列条件方可自行组织招标投标：

（1）有与招标工程相适应的经济、技术、管理人员；

（2）有组织编制招标文件的能力；

（3）有审查投标单位资质的能力；

（4）有组织开标、评标、定标的能力。

不具备以上条件的，招标单位应当委托经建设行政主管部门资质审查合格的招标代理机构代理招标。

2. 建设工程具备的条件

（1）拟招标的建设工程必须有国家、省、市、自治区批准的初步设计和概算，建设项目已列入国家、部门或地方的年度固定资产投资计划；

（2）已经向当地建设行政主管部门办理报建手续；

（3）建设用地使用权已经取得，建设用地征用、拆迁和场地清理已经完成，现场施工的"三通一平"条件已经落实；

（4）建设资金、设备、主要材料和协作配合条件均已落实，能保证建筑安装工程连续施工；

（5）满足招标需要的有关文件及技术资料已经编制完成；

（6）招标所需的其他条件已经具备。

四、招投标程序

（一）招标单位编制招标文件和标底

1. 招标文件

（1）工程综合说明书。包括项目名称、地址、工程内容、承包方式、建设工期、工程质量验收标准及施工条件等；

（2）工程施工图纸和必要的资料；

（3）工程款项的支付方式；

（4）实物工程量清单；

（5）材料供应方式及主要材料、设备的订货情况；

（6）工程保修要求；

（7）招标程序和时间安排；

（8）其他规定和要求。

招标文件由建设单位编制，也可由建设单位委托设计部门或咨询机构编制。招标文件一经发出，招标单位不得擅自改变。否则，应赔偿由此而给投标单位造成的损失。

2. 标底

系招标单位给招标工程制定的预期价格，它是招标的核心，是择优选择投标单位的重要依据。国家规定，标底在开标前要严格保密，如有泄露，对责任者要严肃处理，直至法律制裁。标底在批准的概算或修正概算内，由招标单位确定。目前，编制标底一般以施工图预算为依据。

3. 建设工程施工招标文件范本

国家建设部为规范我国建筑市场的交易行为，保证建设工程施工招标的公正性、竞争的公平性，维护建筑市场的正常秩序，本着与国际接轨的目的制定了《建设工程施工招标文件范本》，于1997年1月1日执行。

建设工程施工招标文件范本确定了建设工程施工招标的原则程序，规范和指导工程建设施工招标的各个环节，对建设工程从"工程建设项目报建"开始，直到最后"合同签订"全过程进行了详细的规定。

建设工程施工招标文件范本的组成如下：

(1) 建设工程施工公开招标程序；
(2) 建设工程施工公开招标文件；
(3) 建设工程施工邀请招标程序；
(4) 建设工程施工邀请招标文件；
(5) 建设工程施工招标工程底价；
(6) 建设工程施工招标资格预审文件；
(7) 建设工程施工招标评标办法。

（二）公布招标

(1) 采取公开招标的，招标单位公开刊登广告进行招标，投标单位数量不限。
(2) 采取邀请招标的，邀请3~7家有承包能力的施工单位参加投标。

（三）投标单位资格审查

参加投标的单位，应按招标通知规定的时间报送申请书，并附企业状况表或说明。其内容一般有：企业名称、地址、负责人姓名和开户银行账号、企业所有制性质和隶属关系、营业执照或资格证书（复印件）、企业简历等。投标单位按招标单位规定表格填写。

招标单位收到投标单位申请书后，即进行资格审查。审查投标企业的等级、承担任务的能力、财产赔偿能力及保证人等，确定投标企业是否具有投标的资格。

资格审查合格的企业，向招标单位购买招标文件。招标单位组织投标企业勘察工程现场，解答招标文件中的疑问。

（四）投标单位编制标书进行投标

标书就是投标单位的投标文件。它是衡量一个建筑安装企业的素质、技术水平和管理水平的综合性文件，也是招标单位选择承包单位的重要依据。中标的标书，又是签订工程承包合同的基础。

标书格式一般由地区建设主管部门或招标单位制定，随招标文件发给投标单位。编制标书是一件很复杂的工作，投标单位必须认真对待。在取得招标文件后，首先应该详细阅读其全部内容，然后对现场进行实地勘察，向招标单位询问有关问题，把施工条件搞清楚。将招标文件各条款内容弄明白，完整填写标书。

标书编制好后，加盖企业及其负责人的印鉴，密封后，在规定的时间内寄送招标单位。否则，按无效标处理。投标企业不得串通作弊，不得行贿，不得哄抬标价，违者取消投标资格，并视情节轻重，将受到必要的处罚。

（五）开标、评标、决标

1. 开标

即招标单位按招标文件规定的时间、地点，在投标单位法定代表人或授权代理人在场的情况下举行开标会议，开标会议由招标单位组织并主持，将各家标书当众启封，宣布各单位的报价、工期等主要标书内容。开标过程结束后，进入评标阶段。

2. 评标、决标

即招标单位对所有有效标书进行综合评比，从中确定最理想的中标单位。

评标由评标委员会进行，招标管理机构监督。评标委员会由招标单位、建设单位上级主管部门、招标单位邀请的有关经济、技术专家组成。

评标主要是经济评价和技术评价。经济评价包括标价的合理性、精确程度以及组成等，技术评价包括施工方案、技术组织措施、工程进度安排等。

评标前，应先确定评价标准，然后把评价内容具体分解，确定各项内容应占总分数的权数，由评委会成员给不同内容评分，与权数相乘计算各家的分项分数及总分，然后综合各评委的评定，计算出各投标者的评分，给予分数最高者以得标机会。

在两家企业评分相近时，或标价相近时，可以留下其条件较好的几家投标者协商议价，然后决标。

（六）签定工程合同

建设单位与中标的投标单位在规定的期限内签订合同。在签订合同前，到建设行政主管部门或其授权单位进行合同审查。签订合同后，招标单位及时通知其他投标单位其投标未被接受，按要求退回招标文件、图纸和有关技术资料，同时退回投标单位保证金（无息）。因违反规定被没收的投标保证金不予退回。

投标工作结束后，招标单位将开标、评标过程的有关记要、资料、评标报告、中标单位的投标文件一份副本报招标管理机构备案。

五、投标报价

投标报价，即投标单位给投标工程制定价格，也称为标价。标价反映企业的经营水平、管理水平和技术水平，体现企业产品的个别价值。标价通常在施工图预算的基础上上下浮动，不能像编制施工图预算那样，套用一定的现成预算定额、地区单价和取费标准，而是以企业施工成本为依据。要根据工程和企业的具体情况，充分调查研究，切实掌握成本，通过细致测算，制定出合理的标价。国家的定额标准，将从控制转为指导，成为编制概算、项目投资决策的依据。工程施工价格，通过投标竞争方式，实现优化控制。

投标报价是一种竞争的价格，总的趋势是要受价值规律的支配。投标报价的高低，直接关系到能否中标和企业能否盈利。要尽量做到对外有一定的竞争力，对内又能盈利。

工程报价由工程成本、风险费和预期投标利润组成，其中风险费是不可预见因素引起的费用。当实际发生此项费用时，即应摊入相应的成本项目内，如果没有发生，则应根据合同的规定，或摊入企业利润，或成为节约额，承发包双方共享。

1. 投标报价的具体工作

（1）核实工程量；
（2）制定施工方案和施工计划；
（3）编制投标工程的单位估价表；
（4）确定其他直接费的收取范围和标准；
（5）施工管理费率的测算；
（6）其他间接费的确定；
（7）风险费的估计；
（8）利润率的确定；
（9）总标价的计算与调整。

2. 投标程序

（1）编制和报送投标申请书；
（2）购买招标文件；
（3）投标文件编制；
（4）提供投标保证金和报送标书。

3. 明确标书内容，提高标书质量

投标单位的投标文件应包括下列内容：

（1）投标书；
（2）投标书附录；
（3）投标保证金；
（4）法定代表人资格证明书；
（5）授权委托书；
（6）具有标价的工程量清单与报价表；
（7）辅助资料表；
（8）按招标文件规定提交的其他资料。

六、投标策略

施工企业投标的目的，是为了获得工程的承包权。它是投标企业之间进行的一场比技术、比管理、比经验、比策略、比实力的复杂竞争。要想在竞争中获胜，就必须认真研究投标策略，总结经验，不断提高投标工作水平。投标策略的实质就是研究如何在投标竞争中获胜。

1. 选择投标对象的策略

首先，决定是否参加某项工程的投标。根据企业当前的经营状况，例如，企业的信誉如何，任务的饱满程度，以及该项目对提高企业信誉的影响；对施工技术的要求，本企业拥有的能力和对此项目的熟悉程度；竞争的激烈程度；工程招标的基本条件和已往投标经验等而定。一般来说，如果此项工程的条件比较优越，对企业的经营很有益处，应考虑参加投标，并压低标价，力争中标，如果条件较差，企业不感兴趣，则应放弃或提高投标价格。

其次，选择在哪几个项目投标。一般是先分析各工程项目是否满足企业的投标条件，然后把不满足条件的筛去，对满足条件的工程项目分别进行不同标价的盈利分析和中标可能性分析，从中选择中标可能性大而利润又高的工程项目作为投标对象。

2. 投标竞争的策略

（1）加大宣传力度，广泛传播企业服务宗旨，树立企业良好形象，可向招标单位做出某些承诺，提高企业的信誉；

（2）搜集、掌握招投标各方面的信息，包括内部信息和外部信息。内部信息，包括已交工的各项工作的实际成本、工期、质量等，外部信息包括建设单位情况、有关竞争对象的技术、经济、经营、策略等各方面的资料及有关的政策、条例、规定等。通过了解和预测建设单位制定的标底范围、竞争对手的实力、优势如何、报价动态，并参考已建成的类似工程或有关工程造价指标，以便进一步修正报价、正确确定自己的投标策略；

（3）为提高中标率，施工单位可向招标单位提出优惠条件，如垫付工程材料款和部分工程资金利息优惠、延长保修期等；

（4）合理降低投标报价，施工企业为了在某地打开局面或企业生产任务不饱满，为了获取施工任务，即使对盈利很少的工程，也采取较低的报价，宁愿目前少赚钱或不赚钱，而是着眼于发展，以争取将来的优势；

（5）为了在激烈的市场竞争中立于不败之地，根本的是改善企业管理，提高建筑企业素质，充分发挥企业内部潜力，技术上不断创新，生产率不断提高，实现优质、高效，以良好的服务，提高企业的竞争能力。

第二节　建设工程施工合同

一、建设工程施工合同的概述

建设工程施工合同是经济合同的一种。经济合同是指具有平等民事主体的法人、其他经济组织、个体工商户、农村承包经营户相互之间，为实现一定经济目的，明确相互权利义务而订立的协议。建设工程施工合同是发包方（建设单位或总包单位）和承包方（施工单位）为完成建设施工生产任务、给付工程价款、工期、质量等问题而签定的，明确相互权利、义务关系的具有法律效力的协议。

《中华人民共和国经济合同法》称建设工程施工合同为"建设工程承包合同"，国务院于1982年8月8日颁发的《建筑安装工程承包合同条例》又将建设工程施工合同称为"建筑安装工程施工合同"；1991年3月颁布的由国家工商行政管理局、国家建设部联合制定的《建设工程施工合同示范文本》中又将施工合同规范为"建设工程施工合同"。

建设工程施工合同，作为一项法律制度，在工程建设中，对于保证施工任务的全面完成具有重要作用，主要有：

（1）通过合同形式，明确法人双方责任，约束双方都必须按照合同规定的内容办事，以利于加强协作，互相促进，保证建设工程任务完成；

（2）建设工程施工合同有利于促进企业管理，加强经济核算，努力提高劳动生产率，采用新技术、新工艺降低工程成本，全面完成各项经济技术指标；

（3）合同有利于保护当事人的合法权益，减少纠纷，建立良好的社会主义经济秩序；

（4）合同是国家有关部门进行工程管理、检查和监督的法律依据。

二、建设工程施工合同的类型

(1) 按承包方式分，有总包合同、分包合同、联合承包合同、全过程承包合同。

(2) 按承包任务分，有建筑工程施工合同，安装工程施工合同，装饰工程施工合同，房屋修缮工程施工合同，机械施工合同等。

(3) 按合同的时间分，有总合同，年度合同，季度合同。

(4) 按合同的性质分，有施工企业内部合同，对外承包合同。

(5) 按取费方式分，有总价合同（投资包干合同），单价合同（平方米造价包干合同），按成本取费合同。

三、建设工程施工合同签署条件

施工合同的签订是"法人"之间的法律行为。签约双方都必须具备《民法通则》内规定的，可以独立进行民事活动，具有完全民事行为能力的人或能够承担民事责任的法人资格和具备以下的技术经济条件，才能进行签订。

(1) 初步设计和总概算已经批准。

(2) 工程项目已经列入年度建设计划。

(3) 有能够满足施工需要的设计文件和有关技术资料。

(4) 建设资金和主要设备、材料来源已经落实。

(5) 招投标的工程，中标通知书已经下达。

(6) 合同双方均具有法人资格和履行合同的能力，承包方还应具有与所承揽工程相适应的建筑安装企业合法资质，外地承包单位已办理跨区审批手续。

四、施工合同示范文本及内容

在工程建设中，签订和执行合同出现的问题较多，不仅影响了合同的履约率，而且还引起合同纠纷，造成建筑市场的混乱局面。自1982年国家颁布实施《中华人民共和国经济合同法》和1983年国务院颁发《建设安装工程承包合同条例》以来，全国很多地区和国务院有关部门的建设主管单位会同工商行政管理部门，依法制定了《基本建设工程施工合同》、《建筑安装工程承包合同》等多种格式的合同文本。这些合同文本的颁发，对推行承包合同制起了很大的推动作用。但是，从这些合同文本的实行过程中也暴露出一些问题，主要是合同文本不规范，条款不够完备，给施工合同履行带来一定难度。为了解决建设工程施工合同存在的问题和适应建设工程社会监理的推行，国家工商行政管理局依据有关建设工程施工的法律、法规，结合建设工程施工的实际情况，借鉴国际通用土木工程施工合同制定了《建设工程施工合同示范文本》（以下简称《示范文本》）。《示范文本》由《建设工程施工合同条件》和《建设工程施工合同协议条款》两部分组成。

《建设工程施工合同条件》是通用条款，它适用于各类公用建筑、民用建筑、工业厂房、交通设施及线路管道的施工和设备安装工程。《建设工程施工合同协议条款》是根据具体工程的具体情况，对建设工程施工合同条件内需要双方协商达成一致意见的条款，或做适当补充、删节或修改。建设工程施工《合同条件》和《协议条款》以相应的顺序编号相联系，使两部分构成施工合同文本，规定发包和承包双方的权利和义务。详见《建设工程施工合同示范文本》（GF—91—0201）。

《示范文本》的《合同条件》明确给定了合同条款，共41条，142款，主要分为以下十方面内容：

(1) 工程名称、范围、内容、工程价款及开竣工日期。
(2) 双方的权利、义务和一般责任。
(3) 施工组织设计的编制要求和工期调整的处置办法。
(4) 工程质量要求、检查与验收办法。
(5) 合同价款调整与付款方式。
(6) 材料、设备的供应方式与质量标准。
(7) 设计变更。
(8) 竣工条件与结算方式。
(9) 争议、违约责任及处置办法。
(10) 其他(包括安全生产防护措施等)。

合同的内容涉及施工活动的各个方面,施工合同条款完备,避免了签约缺款少项和漏洞。由于《示范文本》的格式、内容是由合同管理机关和业务主管部门根据长期实践反复优选、评审,经过法定程序确定的,因而它具有规范性、可靠性、适用性的特点。

在实际工程中,除个别条款与具体情况有所不同,可以在《协议条款》内做一些删节、修改或补充外,绝大部分条款都是适用的。在签订合同时,需要甲、乙双方准确地依据法律、法规协商约定《协议条款》的具体内容。都必须按《合同条件》顺序,逐项协商条款内容,写入《协议条款》。对《协议条款》内一些没有涉及的条款内容可略去,例如有少数条款,不需要协商约定不采用时,可在该条款内注明无协议约定内容或不采用字样。对《合同条件》内未包括的内容,经甲、乙双方协商约定需要增加条款,可以在《协议条款》内增加。

五、施工合同的履行与管理

(一) 施工合同的公证与鉴证

为了维护社会主义法制,预防纠纷、减少诉讼,国家建立了公证制度。国务院于1982年发布了《中华人民共和国公证暂行条例》,国家司法部和国家工商行政管理局于1983年发出了《关于经济合同鉴证与公证问题的联合通知》,充分运用行政手段和法律手段,保障和促进经济合同法的贯彻实施。

公证,是国家公证机关根据当事人的申请,依照法定程序,证明施工合同的真实性和合法性,以保护公共财产,保护公民身份上、财产上的权利和合法权益。这是国家对施工合同的签订和履行实行监督的法律制度。

鉴证,是合同管理机关审查施工合同当事人的资格和合同内容是否真实、合法给予证明。

施工合同的公证或鉴证是两个不同的概念,既有共同点,也有不同点。施工合同公证或鉴证的共同点是:

(1) 两者都依法证明合同的真实性和合法性。施工合同的真实性,是指合同双方当事人达成的协议真实。合法性是指订立合同双方当事人的主体资格合法,施工合同的内容符合法律规定。

(2) 两者都采用自愿原则。《经济合同法》第六条规定"经济合同依法成立,具有法律约束力"。公证暂行条例第二条规定,公证事项是根据当事人的申请办理。国家工商行政管理局关于经济合同鉴证的暂行规定第二条规定,经济合同的鉴证实行自愿的原则,国家另有规定者除外。

经济合同公证或鉴证的不同点是：公证是国家对经济合同的签订和履行监督的一项法律制度，而鉴证则是国家对经济合同的签订和履行实行监督的一项行政管理制度。

(二) 合同的履行、变更和解除

1. 合同的履行

合同的履行，是指合同双方当事人，根据合同规定的内容，全面完成各自所承担的义务的法律行为。能否严格履行经济合同，不仅关系到企业经营管理的经济效益和社会信誉，同时也直接影响到国家经济秩序的稳定和国家计划的完成。因此，经济合同的履行，不只是双方当事人相互承担义务，也是签订合同双方向国家和人民负责的问题。合同履行的原则是：

(1) 实际履行，就是合同双方当事人按照合同的标注（内容、范围）履行。

(2) 全面履行，就是合同双方当事人按照合同规定的所有条款完全履行。施工合同全面履行主要包括：履行的数量和质量、履行期限、履行地点和履行价格。

施工合同不履行行为，是指施工合同到期后，当事人一方或双方，部分或全部不履行或不适当履行合同的行为，也称违约行为。不履行，是指当事人一方根本不履行合同，如工程竣工验收后，发包方未付工程款行为。不适当履行，也称履行不当，是指当事人虽然有履行合同的行为，但没有按照施工合同的规定条款履行，如工程质量不符合质量验收标准。到期不履行，也称延期履行，是指履行期已满，但当事人没有履行合同，如施工合同规定的开竣工日期，因为各种原因没有按时开工。施工合同不履行行为是一种违反法律、法规行为。除承担法律规定行为责任外，违约方要承担违约责任。承担违约责任的具体方式是支付违约金和赔偿金。

2. 合同的变更和解除

《经济合同法》还规定，凡发生下列情况之一者，允许变更或解除经济合同。

(1) 当事人双方经过协商同意，并且不因此损害国家利益和国家计划的执行；

(2) 订立经济合同所依据的国家计划被修改或取消；

(3) 当事一方由于关闭、停产、转产而确实无法履行经济合同；

(4) 由于不可抗力或由于一方当事人虽无过失但无法防止的原因，致使经济合同无法履行；

(5) 由于一方违约，使经济合同履行成为不必要。

3. 建设工程施工合同的变更

(1) 施工图纸与现场情况不符，图纸有错误或遗漏，或发现未预料到的变化；

(2) 建设单位的投资计划发生变化，导致工程内容的变更或中止施工；

(3) 国家调价或工资变动而需对承包金额作变更；

(4) 人力不可抗拒原因造成的损害。

(三) 施工合同的管理与纠纷处理

1. 施工合同管理

建设工程施工合同管理，是指各级行政主管部门、工商行政管理机关和金融机构，以及工程承发包单位依照法律、法规、制度采取法律的、行政的手段，对施工合同关系进行组织、指导、协调及监督，防止和制裁违法行为，处理合同纠纷，保证施工合同实施等一

17

系列活动。为适应建立社会主义市场经济体制需要，加强对建筑市场管理，维护建筑市场正常秩序，保护建设工程施工合同当事人的合法权益，国家建设部根据《中华人民共和国经济合同法》、《建筑安装工程承包合同条例》和《建筑市场管理规定》，制定和印发了《建设工程施工合同管理办法》、《建设工程施工合同管理人员持证上岗制度试点实施办法》。

建设工程施工合同管理，分为管理施工合同的国家机关及金融机构和管理施工合同的基层组织，即建设工程发包单位和承包单位两个层次。其对建设工程施工合同管理职责和办法有所不同。

各级政府建设行政主管部门对施工合同的管理职责：

（1）宣传贯彻国家有关经济合同方面的法律、法规和方针政策。
（2）贯彻国家制定的施工合同示范文本，并组织推选和指导使用。
（3）组织培训合同管理人员，指导合同管理工作，总结交流工作经验。
（4）对施工合同签订进行审查、监督检查合同履行，依法处理存在的问题，查处违法的行为。
（5）制定签署和履行合同的考核目标，并组织考核，表彰先进的合同管理单位。
（6）确定损失赔偿范围。
（7）调解施工合同纠纷。

各级工商行政管理机关和监督管理经济合同的金融机构，依照分级负责的原则，划分施工合同管理的权限和确定具体职责。

施工合同的基层组织对施工合同的管理职责：

（1）建立施工合同管理制度；
（2）向工地派驻具备相应资质的代表，或聘请监理单位及具备相应资质的人员负责监控承包方履行合同。

1）制定管理办法，建立严格制度，有专门人员负责管理。
2）向工地派驻具备相应资质、熟悉合同的管理人员。

施工合同管理人员是指工程建设承发包双方的法定代表人及依法受法定代表人聘任，从事合同谈判、签订、管理等工作的人员。《施工合同登记证》是从事合同管理工作人员的资格证书，办理建设工程施工合同审查时，必须持有并在签订合同项目时进行登记。

2．施工合同纠纷处理

《经济合同法》中明确规定：经济合同发生纠纷时，当事人应及时协商解决；协商不成时，任何一方均可向国家规定的合同管理机关申请调解或仲裁，也可以直接向人民法院起诉。

（1）当事人协商解决。

当执行合同中发生纠纷时，当事人本着互谅的原则，按《经济合同法》和合同条款的有关规定，在自愿的基础上直接协商，自己解决纠纷。协商解决的特点是没有其他人参加，但要求协商必须依法进行才有效。

（2）合同管理机关调解解决。

当当事人协商无法解决合同纠纷时，由任何一方提出申请，由工商行政管理部门或上级业务主管部门在分清责任的基础上进行调节，帮助当事人找到解决纠纷的方法和途径，使他们达成协议,解决自己不能解决的纠纷。调解解决的特点,是有合同管理机关参加纠纷处理,但不采取强制措施。

(3) 合同管理机关仲裁解决。

合同纠纷经协商、调解无效时,根据当事人的申请,由仲裁机关(国家工商行政管理局和地方各级工商行政管理局设立的经济合同仲裁委员会)进行裁决,解决纠纷。仲裁解决纠纷的特点是,采取强制性的外力制裁办法,但它不是政法部门的判决,而是国家行政管理机关根据国家法律、法规、政策和有关管理制度所进行的一种行政制裁。

(4) 起诉解决。

当事人就合同纠纷向人民法院起诉,由法院进行判决,解决纠纷。起诉可以是当事人对仲裁不服而进行的(收到仲裁裁决之日起 15 天内,向法院起诉,期满不起诉,仲裁决定具有法律效力),也可以不经过调解和仲裁,直接向法院起诉。起诉解决纠纷的特点,是由政法机关依法进行判决。

(5) 审理和判决。

人民法院受理合同纠纷案件,着重进行调解,调解无效时进行审理和判决。审理和判决一般按法庭调查,依法辩论和判决程序进行。由于我国实行是两审终审制,如果当事人不服地方各级人民法院第一审判决的,在判决书规定的上诉期限内,有权向上一级法院提起上诉。第二审人民法院收到上诉状,依法进行审理,并做出终审判决。

本 章 小 结

本章讲述了工程招投标以及工程合同。在学习时,应了解工程招投标的意义,掌握招标方式、条件、程序,掌握企业投标报价具体工作以及投标报价的策略;了解建设工程施工合同的类型、内容及签署的条件,了解合同的管理以及合同的履行、变更、解除、纠纷处理等内容。

复 习 思 考 题

1. 实行招投标的意义?
2. 建设工程招标方式有哪几种?其概念是什么?
3. 招标工作的一般程序是什么?
4. 对企业投标有哪些要求?投标的一般程序是什么?
5. 什么是建设工程施工合同?施工合同的作用有哪些?
6. 实行合同《示范文本》有什么意义?
7. 什么是施工合同的公证、签证、履行、变更和解除?
8. 什么是施工合同管理?解决合同纠纷有哪些方式?其主要内容是什么?

第三章 施工企业管理

施工企业管理是指企业全部生产经营与管理的总称，它包括生产性管理（企业内部生产活动及生产工作的管理）和经营性管理（企业外部涉及社会经济流通、销售活动的管理）。随着市场经济的发展，施工企业主要是通过市场渠道获得施工任务。因此，社会的发展就要求施工企业，严格按工程建设程序、建筑安装工程施工程序办事，做好各项管理（包括施工管理、计划管理、技术管理、安全管理、材料管理、机械管理、财务管理、成本管理等）工作。通过各项管理，提高施工企业的社会信誉及生产经营水平，使施工企业在市场经济中获得生存和发展。

第一节 施 工 管 理

一、施工管理概述

建筑安装工程施工是一项复杂的生产活动，它既有质量、安全、计划成本等指标管理，又有劳动力、材料、机械调配和生产工艺技术等专业性管理。因此，施工管理是指为完成工程施工任务，所进行的全过程组织与管理的总称。它是从接受工程任务开始到竣工验收交付使用为止，以施工生产为主进行的组织管理。从施工过程来说，它主要有：签订合同、施工准备、正式施工、交工验收等四个阶段的管理。各阶段施工管理的主要内容见表3-1。其中，落实施工任务、签订施工合同在第二章中已做了介绍，而正式施工阶段的施工管理、计划管理、技术管理、质量管理、安全管理的一些具体工作，将在本章以后各节中介绍，本节主要介绍施工准备工作。

施工管理的工作内容　　　　　　　　　　　表 3-1

施工阶段	公　司	工 程 处	工 程 队
签订合同阶段	落实工程任务，签订工程协议及工程承包合同	落实任务，也可以直接与建设单位签订合同	
施工准备阶段	编制大中型施工组织设计或施工组织总设计； 建立施工条件，签订分包合同，主要物资对外申请或订货	编制单位工程施工组织设计，编制预算； 建立施工条件，进行全现场和单位工程施工准备	单位工程施工准备，作业条件的施工准备； 签发施工任务书或内部承包合同
正式施工阶段	编制计划，拟定措施，保证供应，检查监督，平衡调度	编制计划，落实措施，保证供应，检查监督，平衡调度	组织计划实施，促进度，保质量，保节约，保安全
交工验收阶段	审定交竣工资料，办理交工验收	整理交竣工资料，参加交工验收	准备交竣工资料，参加工程验收

二、施工准备工作意义、分类、内容

(一) 施工准备工作的意义

施工准备工作是指施工前，为保证施工正常进行，而事先必须做好的各项工作。施工准备工作是整个工程施工的基础，是保证工程顺利开工和连续、均衡施工的必要条件。

施工准备工作的基本任务是为拟建工程的施工建立必要的技术和物资条件，统筹安排施工力量和施工现场。施工准备工作是施工企业搞好目标管理，推行技术经济承包的重要依据。是土建和安装施工顺利进行的根本保证。因此认真做好施工准备工作，对于发挥企业优势、合理供应资源、加快施工进度、提高工程质量、降低工程成本、增加企业经济效益、赢得企业社会信誉、实行企业管理现代化等都具有重要意义。

(二) 施工准备工作的分类

(1) 按准备工作的范围分：全场性施工准备；单位工程施工条件准备；分部（项）工程作业条件准备。

(2) 按工程所处施工阶段分：开工前的施工准备；各施工阶段前的准备。

(三) 施工准备工作的内容

1．调查研究与收集资料

安装工程施工涉及的范围广，参加施工的专业多，资源消耗量大，工期长，管理复杂，而且安装工程施工在很大程度上受当地自然条件、技术经济条件的影响和约束。因此，为了编制出一个符合实际情况、切实可行、质量较高的施工组织设计，就必须做好调查研究，了解实际情况，熟悉当地条件，掌握原始资料。原始资料调查分析的内容较广，需要向许多部门、有关单位调查收集，需要消耗一定的时间和资源。为了获得预期效果，必须采取正确方法，遵循调查分析程序。首先，拟定调查提纲，而后确定调查收集原始资料的单位，最后实地勘察和科学分析原始资料。对原始资料的内容进行分析包括对建设地区的自然条件资料、建设地区的技术经济资料两个方面。掌握了这些资料和可利用的程度，就有利于在施工组织设计中，利用天时地利条件，对有关方面作出适当的安排。

2．技术准备

技术准备是在调查研究与收集资料的基础之上，根据设计图纸、施工地区调查的技术资料，结合工程特点，为施工建立必要的技术条件而做的准备工作。它主要包括以下几方面的内容：

(1) 熟悉和会审施工图纸。施工图是施工生产的主要依据，在施工前，应认真熟悉施工图纸，在明确设计的技术要求，了解设计意图情况下，建设单位、施工单位、设计单位进行图纸会审，解决图纸存在的问题，为按图施工创造条件。

(2) 编制施工组织设计。施工组织设计是指导施工准备工作和组织施工全过程的经济、技术综合性设计，是施工准备工作的主要内容，在施工前，应根据工程的技术特点，确定合理的施工组织与施工技术方案，为组织和指导施工创造条件。

(3) 编制施工图预算和施工预算。施工图预算是技术准备工作的主要组成之一。它是按照施工图确定的工程量，施工组织设计所拟定的施工方案，安装工程预算定额及其取费标准，由施工单位主持编制的确定安装工程造价的经济文件。它是施工企业确定建筑工程造价，签订工程承包合同，编制竣工结算的依据。施工预算是根据施工图预算、施工图纸、施工组织设计或施工方案、施工定额等文件进行编制。它是施工企业内部经济核算，班组承包施工任务，企业管理的依据。两种预算区别是：施工图预算是企业对外用的预算，主要是计取企业收入的标准，施工预算是企业内部用的预算，主要是计取企业支出的标准。通过对"两算"对比，可知企业是盈利或亏损，从而找出施工存在的问题，总结经验，提高企业技术，组织管理水平。

3. 施工现场准备

施工现场是施工生产的基地，是施工的全体参加者为优质、高速、低消耗、有节奏、均衡连续进行施工的活动空间。施工现场的准备工作即通常所说的室外准备（外业准备），它主要是为工程创造有利的施工条件和物资保证，一般包括现场平整、铺设施工道路、接通水、电及搭设临时设施等内容。

(1) 现场平整。这项工作通常由建设单位或土建施工单位完成，但有时也要委托安装施工单位完成。平整场地时，一定要了解具体情况，尤其原有障碍物复杂、资料不全时，应采用相应的措施，防止事故发生。

(2) 搞好"三通一平"。这一工作通常由土建单位完成。在工程开工前，平整场地，修通施工道路，接通施工用水、用电和用气，为施工创造良好的环境。

施工现场的道路是组织物资运输的动脉。在工程开工前，必须按照施工总平面图的要求，修好施工现场的永久性道路以及必要的临时性道路，形成完整畅通的运输道路网，为物资运进场地和堆放创造有利条件。水通、电通是施工现场生产和生活不可缺少的条件，工程开工前，必须按照施工总平面图的要求，接通施工用水和生活用水的管线，使其尽可能与永久性的给水结合起来，接通电力和电讯设施，确保施工现场动力设备和通讯设备正常运行。

(3) 搭设临时设施。首先，为施工方便与生产安全，根据施工总平面图要求，将施工现场用围栏或围墙与外界隔开。围栏围墙形成应符合管理要求，在主要出入口处设置明显标牌，并标注工程名称、施工单位、工地负责人、工程简介等。其次，为满足生产生活需要，根据施工总平面图的总体规划，搭设必要的临时设施。包括各种仓库和材料堆放场地，各种生产作业棚和构件加工厂，施工机械停放场，办公用房、职工住房、食堂等设施。

(4) 冬、雨期施工准备。根据冬、雨期施工特点，冬、雨期施工前和施工中，应编制季节性施工组织技术措施，做好施工现场的供热、保温、排水、防汛、篷盖等临时设施的准备工作，供应冬、雨期必须的材料和机具，配备必要的专职人员，组织有关人员进行冬、雨期施工技术的培训学习。

4. 物资和劳动力准备

(1) 施工队伍的准备：

在正式开工前，根据工程规模，结合本企业自身力量，妥善安排好施工队伍，建立现场施工组织机构，安排好后勤工作，这是施工生产的首要条件。

1) 建立现场施工组织机构。建设项目施工阶段，要建立专门班子或机构，领导指挥施工生产。对于一般单位工程，可设一名工地负责人，再配备施工员（工长）及材料员等人员即可。对大型的单位工程则需要建立以项目经理为首的项目经理部，全面进行施工生产的组织管理和技术、材料、计划、人事、生产调度、保卫等日常工作。

2) 建立精干的施工队组。对工业或民用建筑工程，一般土建工程由土建单位承担，采暖、给排水、通风与空调、照明与配电工程均由机电安装单位承担。在建立施工队组的时候，要认真考虑各专业工种之间的合理配合。根据工程特点，选择适当的劳动组织形式，确定建立专业施工队伍或混合施工队伍，以合理、精干为原则，根据工程需要有计划、有目的、有组织的落实，以满足实际施工的需要。

3）施工队伍的教育和技术交底。在正式开工前，必须对参加施工人员进行必要的质量与安全教育，要求施工人员必须遵守操作规程及安全技术规程，在保证质量与工期条件下安全生产。施工队伍进场后，要进行施工组织设计和技术交底，其目的是把拟建工程的设计内容、施工计划和施工技术要求等，详尽地向施工队组说明，以保证工程严格地按照设计图纸、施工组织设计、安全操作规程和施工验收规范等要求进行施工。

（2）施工物资准备：

物资准备是指施工所用的各种材料、构件、配件、机械设备的准备。它是施工的基础，是保证施工顺利进行的条件，安装工程常用物资准备主要内容有：

1）各种材料的准备。根据施工进度计划和工程预算中的工料分析，编制工程所需材料用量计划，作为备料、供料和确定仓库、堆场面积及组织运输的依据。对主要材料尽早申报数量、规格，落实地方材料来源，办理订购手续，对特殊材料需确定货源。

2）各种预制件的准备。它主要是指各种钢构件、木构件等。在施工图会审后，根据图纸规定的数量规格，提出预制加工单或委托单位加工单并注明质量要求及供货日期，以便按期运到现场。

3）各种施工机械、机具的准备。它主要指各类起重运输工具等大型机械和电焊机、弯管机等主要机具。应根据施工机械用量计划规定的机械名称、型号、数量和使用时间要求进行准备。如施工单位缺少所需的施工机械，应及早提出解决办法，保证施工机械按时进入现场。

4）生产设备的准备。它主要指生产工艺所用的各种设备。特别是大型特殊专用设备，建设单位应根据设计文件内容尽早安排订货，并在施工前运到现场，确保施工生产按时进行。施工现场储备的材料，分期分批运往现场，凡是进场的材料、机具、构件、设备等，应及时进行核对、检查、验收，保证进场材料、机具设备的型号规格、质量数量符合设计图纸要求。

第二节 施工计划管理

一、计划管理的基本概念

（一）建筑安装企业计划管理

建筑安装企业计划管理是一项全面性和综合性的管理工作。加强计划管理，能把施工过程各工作以计划为中心有机地结合起来，保证各项工作活动正常地、协调地进行。

计划管理包括：在国家计划指导下，确定企业生产经营目标；对承担的施工任务进行科学合理地安排；编制生产技术财务计划，并进行综合平衡；组织计划的贯彻执行，并在执行中进行检查分析，对生产、技术、经济活动进行协调和控制，并使其正常运转。总之，计划管理是一项全面的综合性管理工作，是建筑企业管理的首要职能。

（二）建筑安装企业计划管理的任务

企业的正常经营活动必然与其他有关企业和部门有着互相依赖和制约的关系。企业的计划必须建立在国家宏观计划的指导下，结合企业的本身条件和能力，经过企业的综合平衡，确定企业的经营目标，用以全面地组织和协调企业的经营和生产活动。

安装企业与土建企业在施工活动过程中有着密切的相互依赖和制约的关系，所以在安排安装工程施工计划时，必须配合土建工程施工的客观要求，使彼此协调，综合安排计划，以保证安装工程任务得以顺利进行。

企业计划管理的主要任务是：
(1) 正确贯彻执行国家经济建设的方针政策；
(2) 保证国家重点建设项目的完成；
(3) 合理地组织使用人力、物力、财力，努力提高经济效益；
(4) 改善经营管理，提高企业素质，增强企业活力。

（三）建筑安装企业计划管理的特点

由于建筑安装产品生产的技术经济特点以及施工企业生产经营活动的特殊规律，使建筑安装企业的计划管理工作有许多不同于其他工业企业的特点。

(1) 计划的被动性。建筑安装企业的计划是根据建设单位的建设计划确定的，建筑安装产品的这种以销定产方式，使建筑安装企业的计划有被动性。

(2) 计划的多变性。在建筑安装工程施工中，由于点多、面广、线长，施工队伍的流动性很大，再加上施工条件的变化及设计中的不可预见因素，都影响着施工企业的计划。

(3) 计划的不均衡性。所有的施工任务量及其内容、开工、竣工项目占全部项目的比例等，都必会影响建筑安装企业计划的均衡性。

（四）建筑安装工程企业计划的内容和分类

我国在长期大量基本建设实践中，逐步建立了一套安装企业的计划体系。按照计划的性质可归纳以下四种：

1. 长期计划

长期计划是企业在长时间内（三年以上）的经营和发展方向的计划。在长期计划中一般包括规定有如下内容：企业的发展规模；重点施工项目；技术改造和新技术开发；工业化施工水平；职工培训与智力开发；劳动生产率的提高；多种经营；企业自身的基本建设等。

对需要若干年才能建成的大型基本建设项目，可通过承包企业的长期计划进行分年安排，有利于保持施工的连续性和均衡性，以及建设总进度的完成。长期计划又是编制年度计划的依据。

2. 年度计划

年度计划又称施工技术财务计划。它是施工生产、技术、财务工作的综合性计划。它是国家工程建设计划的重要组成部分，是贯彻企业的经营方针，并指导本年度内经营和生产活动行动纲领和考核企业经营成果的基本依据。凡列入年度计划的施工项目，必须是国家基本建设计划内已具备开工条件的建设项目。其内容包括：建筑安装工程施工进度计划；施工机械计划；技术组织措施计划；物资供应计划；劳动工资计划；财务计划；辅助生产计划等。

3. 季度计划

它是介于年度计划和月度计划的中间计划，比年度计划更为具体和详细，是实现全年目标和连续施工的重要环节，既要保证年度计划的实现，又要指导安排施工作业计划。内容主要有：季度主要技术经济指标汇总表；单位工程施工进度计划；主要劳动力需用量计划及劳动生产率计划；主要物资供应及运输计划；大型机械需用量计划；技术组织措施计划等。

4. 月度计划

月度计划是将年度计划、季度计划任务具体落实到基层单位直接组织现场施工的实施性计划。是实现年、季度计划的保证，因此计划的任务、措施和施工条件必须具体可靠。一般列入月度计划的工程项目，必须是图纸已经会审，单位工程和分部分项工程施工组织设计以及施工预算已编制，实现"三通一平"等施工准备工作已经就绪。其主要内容有：计划指标汇总表；单位工程施工进度计划；实物工程量计划；单位工程开工和竣工计划；主要工种劳动力平衡计划；主要物资供应计划等。

以上各阶段计划，共同构成完整的企业计划体系。长期计划不稳定因素较多，其内容比较简要概括；短期计划是由于计划短期，目标明确，内容比较详尽具体。长期计划对短期计划有指导控制检查作用，短期计划是长期计划的具体化和落实。

企业各阶段的计划与其他施工组织设计中的各种施工进度计划的编制，有着相互依据和制约关系，如图 3-1 所示。故在编制计划时必须注意协调配合，从而保证工程任务顺利实现。

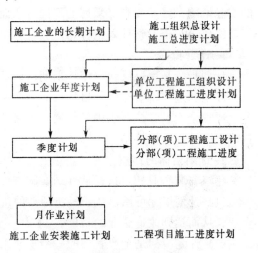

图 3-1 安装企业计划体系与施工进度计划的关系

(五) 建筑企业编制施工计划的原则和主要依据

1. 原则

(1) 必须认真贯彻执行党的方针政策，确保重点工程建设项目的完成；
(2) 坚持实事求是，按客观规律办事的原则；
(3) 要坚持按工程建设程序组织合理施工，注意保持施工的连续性和均衡性，讲究经济效益；
(4) 要坚持保竣工、保投产使用；
(5) 计划指标的确定要积极可靠，留有充分余地。

2. 主要依据

(1) 国家（或上级主管部门）下达的各项计划指标以及长远规定的要求和目标；
(2) 建设单位提供的建设总进度计划或合同规定内容；
(3) 施工图纸、扩大初步设计有关技术资料及施工组织总设计或工程的年度（或季度）施工组织设计；
(4) 设备定货及交付使用；
(5) 建筑企业的生产能力、施工技术和施工组织条件；

(6) 相应的工程设计预算或概算资料；

(7) 规定的各种定额、单价及其他有关计算资料；

(8) 有关上期计划执行情况的资料和统计资料。

二、建筑安装企业计划指标体系

(一) 计划指标及其作用

计划指标是计划的组成部分。指标是表示一定经济现象的数值，在计划中所规定的各项计划任务，是通过一定的计划指标来表示的，一个完整指标通常由指标名称、指标数值和计量单位组成，也可以用百分率或比值表示。在企业计划期内，在具体技术条件下，所要达到的具体目标和水平，通称技术经济指标。

技术经济指标，是考核和评价企业经营成果的标准。按其作用可分为国家考核指标和企业内部考核指标，前者称为基本指标。每一个计划指标都有它特定的含义、计算方法和考核规定，只能反映企业经营活动一个侧面的规模、水平和要达到的目标。为了反映企业的实际情况，就需要有一系列的不同特征而又相互联系和相互制约的指标，这一系列的指标就构成了一个完整计划指标体系。

1. 计划指标

计划指标是用以反映一定计划期内的经济活动（包括企业生产、经营、管理）的主要方面和主要过程所应达到的目标或水平的衡量尺度。指标包括名称、数值、计量单位三部分，要求全面、具体、明确、简便、各自独立，具有自己的特征，互相联系，互相制约，构成一个计划指标体系。

2. 计划指标的作用

建筑安装企业计划指标从计划实施方面讲，其主要作用如下：

(1) 计划指标可用以认识经济活动的现象，用来描述企业的计划活动，通过它来认识企业，从而达到改造企业的目的；

(2) 计划指标是企业管理的一个重要工具，是计划管理不可缺少的。通过计划、统计指标促进企业的正常运转，并借助于指标，进行计划的制定、执行情况的检查、监督和分析；同时依此对职工进行鼓励，开展创优竞赛，并通过指标来考察创全优活动。

(二) 指标体系及其分类

1. 国家考核指标体系

国家对建筑安装企业的基本考核指标，目前一般规定八项。

(1) 建筑安装产量指标。建筑安装产量指标是反映计划期内建筑安装生产的物质成果，是企业的主要指标之一。通常有三种表现形式：一种以建筑安装最终产品，房屋竣工面积表示的称竣工面积指标；第二种是以建筑物的实物量来表示，是反映计划期内分项工程的实物成果，叫实物工程量指标。如电梯、变压器、管线等；第三种是以工程的形象进度表示，它是反映计划期内已施工的主要工程形象部位和进度情况，如电气工程中的电源的进户、干线的敷设、灯具安装等，叫工程形象部位指标。

(2) 建筑安装工作量指标。建筑安装工作量指标是反映计划期内以货币表示的建筑产品产值总量指标，它是建筑安装施工活动成果的一项综合性指标。其计算公式如下：

报告期实际完成的安装工作量 = （实际完成工程量 × 安装工程预算单价）/ （已完工程的基本工资 × 间接费用率）

(3) 工程质量指标。工程质量指标是反映计划期内工程质量品级的指标，常以单位工程的优良率及合格率来表示。其计算公式如下：

$$工程质量合格率 = \frac{经验收鉴定评为合格（含优良）的单位工程个数}{完成的单位工程个数总和} \times 100\%$$

$$工程质量优良率 = \frac{经验收鉴定评为优良的单位工程个数}{评为合格（含优良）的单位工程个数总和} \times 100\%$$

(4) 劳动生产率指标。劳动生产率指标是指计划期内每位职工平均计算完成的工作量或实物量指标。通常以三种形式表示：即以实物量计算的劳动生产率，以产值计算的劳动生产率和以定额工日计算的劳动生产率。其计算公式如下：

$$实物劳动生产率 = \frac{实际完成某工种工程实物量}{完成该项实物量的平均人数（包括辅助工人）} \times 100\%$$

$$建筑安装工人劳动生产率 = \frac{自行完成施工产值（元）}{建筑安装工人及学徒合同工平均人数（人）} \times 100\%$$

$$全员劳动生产率 = \frac{自行完成建筑总产值（元）}{全部人员平均人数（人）} \times 100\%$$

$$建筑安装工人劳动生产率 = \frac{定额工日总数（工日）}{建筑安装工人及学徒合同工平均人数（人）} \times 100\%$$

$$定额工日总数 = 实际完成实物工程量 \times 时间定额（工日）$$

(5) 安全生产指标。安全生产指标是计划内工伤事故控制指标，通常用负伤事故频率来表示。其计算公式如下：

$$负伤事故频率（\%） = \frac{发生负伤事故人次}{平均在册职工人数} \times 100\%$$

同时安全生产指标还要杜绝一切重大伤亡事故。

(6) 机械设备完好率和利用率指标。这项指标是反映计划期内机械设备技术完好状况及利用状况的指标。其计算公式如下：

$$机械设备完好率 = \frac{某种机械设备完好台日数}{某种机械设备制度台日数} \times 100\%$$

$$机械设备利用率 = \frac{某种机械设备实际作业台日数}{某种机械设备制度台日数} \times 100\%$$

$$制度台日数 = 机械设备数 \times 制度时间$$

(7) 产值资金占用率指标。产值资金占用率指标是反映计划期内流动资金利用状况的指标。一般以完成每百元建筑安装工作量占用的流动资金来表示。其计算公式如下：

$$百元产值资金占用率 = \frac{流动资金平均余额}{计划期内完成的建筑安装工作量} \times 100\%$$

(8) 降低成本指标和利润指标。降低成本指标是反映计划期内应达到的降低成本的数字，通常用成本降低额和成材降低率表示。利润指标是反映计划期内应达到的利润数字，通常用盈余总额和盈余率来表示。

以上所述是建筑安装企业最常用的八项主要技术经济指标。根据实际需要，各企业还可以自行制定一些辅助指标，以提高管理水平和经济效益，如主要材料节约指标，出勤率指标，非生产人员指标等。

2. 企业考核指标体系

企业为了完成国家考核指标，还必须根据企业的具体情况，制定各自企业的内部控制指标，用以反映企业生产经营管理活动的全面情况，包括企业对工程处、对各职能单位；工程处对施工队；施工队对施工班组；班组对工人的考核指标。

国家考核指标应该是法定的，企业的考核指标由企业自己制定，一个是国家对企业，一个是企业对其所属。国家通过对计划指标体系的监督、检查和管理，将全国经济纳入统一计划轨道。

目前，随着市场经济体制的建立，加强计划管理是个关键问题，即计划体制的改革，需要相应地建立和完善计划指标体系及各项指标的计算方法和具体的考核内容。

三、施工作业计划

年度（或季度）施工计划是一种概括性很强的控制性计划，它可以向全企业职工展开全年（或本季度）的目标，但不能为基层施工单位安排更为具体的任务。年度（或季度）施工计划的最终实现，还要通过一种具体的计划——施工作业计划来完成。

（一）施工作业计划的任务

(1) 将施工任务层层落实。
(2) 指导及时地、有计划地进行劳动力、材料和机具的准备和供应。
(3) 是开展劳动竞赛和实行物资奖励的依据。
(4) 各级领导和调度部门可以监督、检查和调度。

（二）施工作业计划的内容

施工作业计划由月计划和旬计划组成。

1. 月计划

月计划是基层施工单位计划管理的中心环节，现场的一切施工活动都是围绕着保证月计划的完成进行的。编制时包括下列内容：

(1) 各项技术经济指标总汇；
(2) 施工项目的开竣工日期，工程形象进度，主要实物量，建安工作量等；
(3) 劳动力、机具、材料、零配件等需要的数量；
(4) 技术组织措施，包括提高劳动生产率，降低劳动成本等内容。

月计划表格的多少，内容繁简程度应视不同情况以满足工地需要为原则，下面给出表3-2、表3-3、表3-4、表3-5、表3-6、表3-7供参考。

月计划指标汇总表　　　　　　　　　表3-2

＿＿＿＿年＿＿＿＿月

单位＼指标	开工		施工		竣工		工作量 万元		全员劳动生产率（元/人）	质量优良率（%）	工作天数（天）	出勤率（%）
	项目	面积(m²)	项目	面积(m²)	项目	面积(m²)	总计	自行完成				
合计												

施工项目计划表　　　　　　　　　　　　表 3-3

_____年_____月

建设单位及单位工程	结构形式	层数	开工日期	竣工日期	面积（m²）		上月末进度	本月形象进度	工作量（万元）	
					施工	竣工			总计	自行完成

实物工程量汇总表　　　　　　　　　　　　表 3-4

_____年_____月

名称	项目单位			

材料需要量计划表　　　　　　　　　　　　表 3-5

_____年_____月

建设单位及单位工程名称	材料名称	型号规格	数量	单位	计划需要日期	平衡供应日期	备注

劳动力需用计划表　　　　　　　　　　　　表 3-6

_____年_____月

工种	计划工日数	计划工作天	出勤率	计划人数	现有人数	余差人数（+）（-）	备注

提高劳动生产率降低成本计划表　　　　　　　　　　　　表 3-7

_____年_____月

措施项目名称	措施涉及的工程项目名称及工作量	措施执行单位及负责人	措施的经济效果								降低其他直接费	降低管理费	降低成本合计
			降低材料费					降低基本工资				
			钢材	木材	水泥	其他材料	小计	减少工日	定额			

2. 旬计划

旬计划是月计划的具体化。由于旬计划的时间较短，因此必须简化编制手续，一般可只编制施工进度计划，其余计划如无特殊要求，均可省略。旬进度计划的格式见表 3-8。

旬进度计划表　　　　　　　　　　　　　　　表 3-8

_____年_____月_____旬

建设单位及单位工程	分部分项名称	单位	工程量			时间定额	合计工日	旬前两天		本旬分日进度							旬后两天	
			月计划量	至上旬完成量	本旬计划													

3．施工作业计划的编制方法和程序

编制施工作业计划的目的是要组织连续均衡生产，以取得较好的经济效果。编制施工作业计划，必须从实际出发，充分考虑施工的特点和各种因素的影响。编制的方法简介如下：

（1）在摸底排队的基础上，根据季度计划的分月指标，结合上月实际进度，制定月度施工项目计划初步指标；

（2）根据施工组织设计单位工程施工进度计划，建筑安装工程预算及月计划初步指标，计算施工项目相应部分的实物工程量、建安工作量和劳动力、材料、设备等计划数量；

（3）在"六查"，即查图纸、查劳动力、查材料、查预制配构件、查施工准备和技术文件、查机械的基础上，对初步指标进行反复平衡，确定月进度计划的正式指标；

（4）根据确定的月计划指标及施工组织设计，单位工程施工进度计划中的相应部位，编制月度总施工进度计划，把月内全部施工项目作为一个系统工程，注意工种间的配合，特别是土建和安装的配合，组织工地工程大流水；

（5）根据月度总施工进度计划，在土建进度计划的基础上，安排安装工程施工进度，按班组编制旬施工进度计划，具体分配班组施工任务；

（6）编制技术组织措施计划，向班组签发任务书。

四、施工任务书

（一）施工任务书的性质和作用

施工任务书是向班组贯彻作业计划的有效形式，也是企业实行定额管理，贯彻按劳分配，开展劳动竞赛和班组经济核算的主要依据。通过施工任务书可以把生产计划、技术、质量、安全、降低成本等各种技术经济指标分解为班组指标，并将其落实到班组和个人，使企业各项指标的完成同班组和个人的日常工作和物质利益紧密地连在一起，达到高速度、高工效、低成本和按需分配的要求。

（二）施工任务书的内容

施工任务书的形式很多，总的要求要简明扼要，填写方便，通俗易懂，一般包括下列内容：

（1）任务书——班组进行施工的主要依据。内容有：工程项目；工程数量；劳动定额；计划工日数；开、竣工日期；质量及安全要求等。

（2）小组记工单——是班组的考核记录，也是班组分配计件工资或奖励工资最基本的依据。

(3) 限额领料卡——是班组完成任务所必须的材料限额，是班组领料的凭证。

施工任务书见表 3-9、限额领料卡见表 3-10、小组记工单见表 3-11。

施 工 任 务 书　　　　　　　　　　　　　　　表 3-9

_____施工队_____组　　　　　_____年_____月_____日

定额编号	分项工程	单位	计划用工数			实际完成			附注
			工程量	时间定额	定额工日	工程量	时间定额	定额完成	
合计									
各项指标完成情况		实际用工			完成定额（%）			出勤率（%）	
		质量评定			安全评定：			限额用料：	

签发_____组长_____审核_____验收_____

限 额 领 料 卡　　　　　　　　　　　　　　　表 3-10

材料名称	规格	计量单位	单位用量	限额用量		领料记录						定额数量	执行情况		
				按计划工程量	按实际工程量	第一次		第二次		第三次			实际消耗量	节约或浪费(+)(-)	其中返工损失
						日月	数量	日月	数量	日月	数量				

小 组 记 工 单　　　　　　　　　　　　　　　表 3-11

验收日期_____年_____月_____日

工程部位及项目	合计用工	实际用工						
		工种	1日	2日	3日	4日	…	31日
	技工							
	合同工							
	技工							
	合同工							
	技工							
	合同工							
班组记录							班（组长）	
							考勤员	

（三）施工任务书的签发和验收

施工任务书一般由工长（施工员）会同有关业务人员，根据月、旬计划、定额进行签发和验收，在签发流通过程中，签发必须遵循下列要求：

(1) 签发施工任务书，必须具备正常的施工条件。

(2) 施工任务书必须以月、旬作业计划为依据，按分部分项工程进行签发；任务书签发后，不宜中途变更，并要在开工前签发，以便班组进行施工准备工作。

(3) 向班组下达任务时，要做好交底工作。通常进行"五交"、"五定"，即交任务、交操作规程、交施工方法、交质量安全、交定额。实行定人、定时、定质、定量、定责任，目的是做到任务明确，责任到人。

(4) 施工任务书在执行过程中，各业务部门必须为班组创造正常的施工条件使工人达到和超额完成定额。

(5) 班组完成任务后，应进行自检。工长（施工员）、定额员、质量检查员等在班组自检的基础上，及时验收工程质量、数量和实际工日数，计算定额完成数量。

(6) 施工队、劳资部门将经过验收的任务书收回登记，汇总核实完成任务的工时，同时记载有关质量、安全、材料节约等情况，作为核发工资和奖金的依据。

施工任务书及时正确地反映了班组工时利用和定额完成情况，以及质量安全等原始资料，是企业分析劳动生产率、质量、安全等的重要依据，也是统计部门进行工程统计的原始凭证。

施工任务书的签发和验收程序是：

(1) 工长（施工员）于月末或开工前2~3天，根据月、旬作业计划的要求，参照有关施工技术措施方案及技术资料签发任务书。主要填写的内容有：建设单位，单位工程，接受的班组，开、竣工日期，工程项目，工程量等栏，同时填写相应的材料限额领用卡；

(2) 施工队负责生产的副队长，审批工长（施工员）签发的任务书；

(3) 施工队定额员将批准的任务书进行登记，并按照工程项目查套定额，按工程量计算出计划工日数后，将任务书返回工长（施工员）；

(4) 工长（施工员）将任务书连同作业计划向施工班组下达施工任务，并进行任务、技术、质量、安全等全面交底，施工班组对如何执行任务书进行研究讨论；

(5) 在施工过程中，班组应严格考勤，如有停工、请假、公出、加班等涉及到工资增减的应如实记录，工长（施工员）、定额员、质量安全员应经常检查执行情况；

(6) 班组完成任务后，由工长（施工员）、定额员、质量安全员、材料员等及时地进行验收签证；如签发任务书需要跨月时，月末可实行中间验收，工长（施工员）及时准确地验收工程量，并填入实际完成量栏内；质量检查员应进行质量检查签证；材料员检查班组领料退料手续并签证；最后交定额员进行工资预、结算，作为劳动者个人和班组发放工资和领取超额奖的依据。

（四）班组经济核算

班组经济核算既能把国家、集体与个人利益有效地结合起来，调动工人生产的积极性，又能促进基层单位和工人关心经济效益，带动基层各项管理工作（计划、调度、技术、劳资、定额、统计等）的改进和加强，提高劳动生产率，降低工程成本，推动班组全面完成国家计划。班组核算的主要内容和方法是：

(1) 工程质量。完成施工任务后，班组按质量评定标准对工程进行实测实量，评定出质量等级。

(2) 工程进度。工程进度是以形象进度来表示，由工长（施工员）会同班组长对已完工程量进行验收盘点。

(3) 安全。必须杜绝重大伤亡事故，负伤事故也应减少到最低限度，一般要求控制在千分之三以内,同时反映连续保持安全无事故的天数。

(4) 工效。工效是以完成实物工程量的实耗工日数同定额工日数比较,反映人工节约数、劳动定额完成程度和定额执行的全面情况、出勤率、工日利用率等。

(5) 材料节约。以完成实物工程量所消耗的材料量(领料数减退料数)同定额用料之差,反映材料的节约数量。

(6) 机械。反映机械的维修和使用情况,以机械完好率和利用率来表示,同时计算机械台班使用量和定额机械台班比较,反映机械台班节约量。

(7) 主要工具用具消耗。以班组领用工具用具消耗量,同计划比较,反映工具用具节约和超支。

第三节 施工技术管理

一、安装施工现场技术管理与建筑企业技术管理概述

(一) 安装施工现场技术管理的任务和内容

安装施工现场技术管理是对现场施工中一切技术活动进行一系列组织管理工作的总称。采用科学有效的方法和反映客观规律的制度,对施工中各种复杂的因素,如设计图纸、技术力量、技术方案、技术操作、技术检验和生产环境及技术革新等进行合理安排;按预定目标,确保安装施工过程中的正常秩序,不断提高企业和施工现场的科学技术水平。其具体任务和内容如下:

1. 安装施工现场技术管理的基本任务

(1) 保证施工过程符合技术规律要求,从而保证正常的施工秩序;

(2) 努力使施工过程中的各项工艺和技术建立在先进的技术基础上,以保证不断提高工程项目的施工质量;

(3) 充分发挥材料的性能和设备的潜力,完善劳动组织,从而不断提高劳动生产率、降低工程成本,增加经济效益;

(4) 保证科学技术充分发挥作用,不断提高安装施工现场的技术水平。

2. 安装施工现场技术管理的工作内容

施工现场技术管理的工作内容如图3-2所示。

3. 安装施工现场技术管理的工作程序

根据施工过程,安装施工现场技术管理可按图3-3所示的工作程序进行。

4. 安装施工现场技术管理的组织体系

在安装施工现场的技术管理中,很多工作是与企业有关职能部门协同完成的。因此,安装施工现场技术管理应纳入企业的技术管理系统。

(1) 技术管理的组织体系:

我国建筑安装企业大多数仍实行三级管理,形成以总工程师为首的三级技术管理组织体系,亦即企业的技术业务为统一领导和分级管理,如图3-4所示。

目前已经有很多企业实行施工项目管理制,一般为两级管理,也有公司设立分公司管理施工项目的三级管理的。因此在施工项目经理部相应设立技术管理机构,直接参与对施工过程中的技术管理工作,并接受公司总工程师的领导。

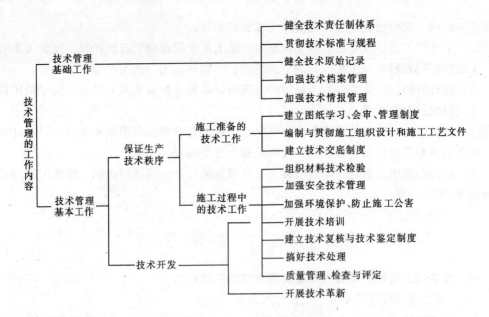

图 3-2 施工现场技术管理内容

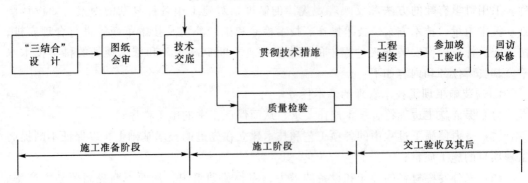

图 3-3 技术管理工作程序

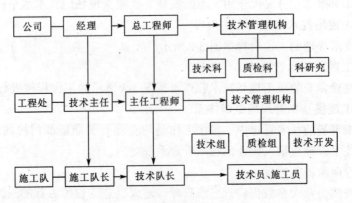

图 3-4 技术管理组织体系

(2) 安装施工现场技术责任制:

技术责任制是适应现代化生产的需要而建立起来的一种严格的科学管理制度,是企业技术管理的核心，它明确了各级技术人员的职责范围，安装施工现场技术负责人主要职责如下：

1) 组织项目经理部有关人员熟悉、审查图纸并参加会审；

2) 组织编制或参加审定一般工程的施工组织设计；

3) 根据公司的技术措施计划，组织编制月度保证质量、安全、节约的技术措施计划并贯彻执行；

4) 负责技术交底工作；

5) 主持建筑物位置、轴线、设备基础标高预检，组织隐蔽工程验收；

6) 组织工程样板和新工艺、新技术的质量鉴定；

7) 组织分部工程和一般单位工程质量评定，竣工预检，参加交工验收；

8) 组织本施工项目内，定期与不定期的质量观摩检查，负责工程质量事故调查、分析、处理，并及时上报公司；

9) 对施工过程中的安全负技术上的责任；

10) 组织全面质量管理工作，开展QC小组活动；

11) 领导材料、设备的检验工作；

12) 组织构配件加工订货工作，并核对其数量及进场日期；

13) 负责技术革新和技术开发工作计划的实施；

14) 领导技术档案的整理，原始技术业务学习和技术安全教育。

5. 安装施工现场技术管理的基础工作

(1) 技术培训工作：

培训技术力量是提高企业素质的主要途径，技术力量是企业开展技术开发工作的基础。因此，技术管理部门应以极大努力培养科技人员，这是企业生存、发展的基础，也是提高劳动生产率和经济效益的有力保证。

(2) 技术信息的收集：

技术信息包括技术资料、文件、规范、规程、论著等，都是企业的财富——无形资产，对安装施工和技术开发起重要作用。及时了解当前的先进的技术信息，就可以有所借鉴、有所启发，运用于施工过程中，以达到提高工程质量、节约成本、加快施工进度等目标。

(3) 贯彻技术标准和技术规程：

技术标准是企业在施工过程中进行技术管理的依据。技术规程是为了贯彻技术标准，对工程项目施工过程、操作方法、设备使用与维修、施工安全技术等方面所作的具体技术规定。技术标准和技术规程都是标准化的重要内容，是企业组织现代化生产的重要手段。因此，安装施工现场必须严格贯彻执行技术标准和技术规程，其他工作才有坚实的基础。

(4) 建立和健全技术原始记录：

技术原始记录是施工现场在各个环节和安装施工工序中所反映实际情况的描绘，它包括材料、设备、构配件、建筑安装工程质量记录，质量、安全事故分析和处理记录，设计变更记录和施工日志等。完善的技术原始记录是评定工程质量、技术活动质量和工程完工后制定维修、加固或改建的重要依据。因此，安装施工现场必须予以充分重视，使之制度化。

(5) 加强技术档案管理：

安装施工现场的技术档案是指在施工过程中有计划地系统地积累具有一定价值的建筑安装技术经济资料，并分门别类立卷归档，进行科学管理。这来源于施工现场，反过来又为企业生产服务。

（二）建筑企业技术管理

建筑企业的技术管理，就是对企业中的各项技术活动过程的技术工作的各种要素进行科学管理的总称。

建筑施工技术管理在很大程度上决定企业的生产状况和经营效果，进行建筑安装施工必须要具备一定的技术条件和施工机械设备。企业生产的好坏，在很大程度上取决于技术工作的组织管理。目前我国安装施工机械化程度较低，手工操作较多，要提高工作效率和企业的经济效益，只有通过加强技术管理和采用新技术才能达到。

1．技术管理的原则

做好技术管理工作，完成各项技术管理任务，必须遵循下面三个基本原则：

(1) 要按科学技术的规律办事，即尊重科学技术原理，尊重科学技术本身发展规律，用科学的态度和科学的方法去进行科学管理，不能主观行事。

(2) 要认真地贯彻国家的技术政策。国家的技术政策规定了一定时期内的建筑技术标准和技术发展方向，应严格遵守。

(3) 要讲究技术工作的经济效益，即要求企业讲求技术的经济效益，结合当时当地的具体条件，采用经济效益最佳的技术。

2．技术管理的任务

技术管理是企业生产管理的一个重要组成部分，它的主要任务如下：

(1) 正确贯彻执行国家各项技术政策和主管部门制定的技术规范、规程的规定。

(2) 充分发挥技术人员作用，不断改革原有技术，采用新技术，促进企业生产技术的更新和发展。

(3) 科学地组织各项工作，建立正常的生产技术管理秩序，保证生产的顺利进行。

(4) 经常开展技术研究、技术培训活动和完善技术资料、档案管理制度，提高企业技术管理水平。

(5) 发展工厂化和机械化生产模式，保证工程质量，提高劳动生产率，降低工程成本，多快好省地完成施工任务。

3．技术管理的内容

技术管理工作是指为创造技术管理条件、实现企业的技术管理而事先应做的一些最基本的工作，它的重点是施工现场的技术管理工作。其内容包括图纸会审、编制施工组织设计、技术交底、技术经验等施工技术准备工作；质量技术检查、技术措施、技术革新、技术处理、技术标准和规程的实施等施工过程中的技术工作；科学研究、技术革新、技术培训、技术试验等技术性开发工作，以上就构成了技术管理的基本工作。

同时，保证技术工作得以进行的技术人才、技术装备、技术情报、技术文件、技术资料、技术档案、技术标准、规程、技术责任制等，又都属于技术管理的基础工作。

二、建筑安装工程技术标准和技术规程

建筑安装工程技术标准和技术规程是企业进行技术管理、安全管理、质量管理的依据和基础，是标准化的重要内容。正确制定和贯彻执行技术标准和技术规程是建立正常的生产技术秩序、完成建设任务所必需的重要前提，它反映了国家、地区或企业在一定时期内的生产技术水平，在技术管理上具有法律作用。任何工程项目，都必须按照技术标准和技术规程进行施工、检验。执行技术标准和技术规程要严肃、认真，一丝不苟。

1．建筑安装工程技术标准

建筑安装工程的技术标准是对建筑安装工程质量、规格及其检验方法等所作的技术规定，可据此来进行施工组织、施工检验和评定工程质量。

我国目前有下列现行建筑安装工程技术标准。

（1）《建筑工程施工质量验收统一标准》（GB 50300—2001）。它规定了施工现场质量管理和质量控制的要求、确定了施工质量验收的划分、合格判定及验收程序。

（2）相配套的 14 个专业工程施工质量验收规范，其中包括《建筑电气工程施工质量验收规范》，它规定了分部、分项工程的技术要求、质量标准和检验方法。

（3）建筑安装材料、半成品的技术标准及相应的检验标准。

2．技术规程

建筑安装工程的技术规程是施工及验收规范的具体化，对建筑安装工程的施工过程、操作方法、设备和工具的使用、施工安全技术的要求等作出的具体技术规定，用以指导建筑安装工人进行技术操作。常用的技术规程有以下几类：

（1）《建筑安装工程施工操作规程》。它规定了工人在施工中的操作方法和注意事项。

（2）《建筑安装规程安全操作规程》。它是为了保证在施工过程中人身安全和设备运行安全所做出的一些规定。

（3）《施工工艺规程》、《设备维护和检修规程》。它规定了施工的工艺要求、施工顺序、质量要求等；并按设备磨损的规律，对设备的日常维护和检修作出了具体规定，以使设备的零部件完整齐全、清洁、润滑、紧固、调整、防腐等技术性能良好，操作安全、原始记录齐全。

（4）《电气安全规程》。电气设备的安装、使用和维修的程序、操作方法，保证设备和人身安全所做出的规定。

技术标准可分为国家标准、部颁标准和企业标准。技术规程在保证达到国家技术标准的前提下，可由地区或企业根据自己的操作方法和操作习惯的不同而自行制定执行。制定技术标准和技术规程，必须实事求是，认真总结现有的生产经验，根据国家的技术经济政策，在合理利用现在生产条件的同时，充分考虑国内外科学技术的成就和先进经验，以促进企业施工生产技术的不断提高和发展。

技术标准和技术规程不是一成不变的，而是随着技术和经济的发展，要适时地对它们进行修正。

三、技术管理制度和组织措施

（一）技术管理制度

建立和健全技术管理制度，对保证完成技术管理任务具有重要意义。为了有效地开展安装施工现场技术管理工作，必须贯彻企业制定的有关技术管理制度。建筑安装企业的技术管理制度主要有：

1．技术责任制

责任制，是适应现代化生产需要所建立起来的一种严格的科学管理制度。建筑企业的技术责任制，就是对企业的技术工作系统和各级技术人员规定明确的职责范围，以充分调动各级技术人员的积极性，使他们有职、有权、有责。技术责任制是建筑企业技术管理的核心，实行各级技术责任制，必须正确划分各级技术管理的权限，明确各级技术领导的职责。

我国建筑施工企业，根据企业的具体情况，实行三级或四级技术责任制，实行技术工作的业务领导责任，对其职责范围内的技术问题，如施工方案、技术措施、质量事故处理等重大问题有最后的决定权。

(1) 总工程师的主要职责：

1) 组织贯彻执行国家有关的技术政策和上级颁发的技术标准、规范、规程及各项技术管理制度；

2) 领导编制施工企业中、长期技术发展规划和技术组织措施，并组织贯彻和实施；

3) 领导编制大型建设项目和结构复杂、施工难度大的施工组织设计，审批工程处（工区、施工队）上报的单位工程施工组织设计及有关技术文件、报告；

4) 领导和组织技术情况的研究与交流，参与引进项目的考察、谈判，处理重大技术核定工作；

5) 组织领导新技术、新工艺、新材料、新设备的试验，鉴定和技术开发与推广工作。

(2) 主任工程师的主要职责：

1) 组织技术人员学习和贯彻上级颁发的各项技术标准、施工验收规范、操作规程、安全技术规程和技术管理制度。

2) 编制中小型工程的施工组织设计，审批施工方案。

3) 主持图纸会审和重点工程技术交底，处理审批技术核定文件。

4) 组织制定保证工程质量、安全生产、降低成本各项技术组织措施。

5) 参加技术会议，组织技术人员学习业务，开展技术安全教育，不断提高施工生产的技术水平。

6) 领导编制本单位技术改进项目，负责本单位科技发展、技术交流、技术革新、技术改造及合理化建议工作。

7) 主持主要工程的质量、安全检查，处理施工质量事故和施工中的技术问题。

8) 深入现场，指导施工，督促技术人员遵守规范、规程和按图施工原则，发现问题及时解决。

(3) 专项工程师（或技术队长）的主要职责：

1) 组织编制单位工程施工方案，制定各项工程施工技术措施。

2) 参与编制单位工程施工进度计划，做好施工前的各项准备工作。

3) 负责单位工程图纸审查，并向工程技术负责人及有关人员进行技术交底。

4) 负责贯彻执行各项专业技术标准、规程，严格执行工程验收规范。

5) 负责指导按设计图纸、施工规范、规程、施工组织设计、技术安全措施等进行施工。

6) 组织有关技术人员开展技术革新活动，改进施工程序、操作方法。

7) 负责组织单位工程的测量、定位、抄平、放线等技术复核，参与隐蔽工程验收，参与单位工程质量检查，处理质量事故。

8）组织工程档案中各项技术资料的签订、收集、整理及汇编上报。

(4) 单位工程技术负责人的主要职责：

单位工程技术负责人（施工员、工长）是在技术队长的领导下，负责单位工程或分部工程施工组织与管理，工程核算的最基层的技术人员。

1）编制单位工程施工组织设计、施工方案，制定单位工程或分部分项工程实现全优工程的具体措施。

2）编制或审核施工图预算，编制施工预算和劳动力、材料与机具需用量计划。

3）参加编制月、旬施工计划，签发工程任务书，安排、指导班组日常施工工作。

4）组织学习施工图纸，负责图纸审核，向施工班组进行详细的技术交底。

5）负责材料、设备进场后的检查、试验与技术鉴定。

6）负责班组施工人员的技术指导与安全教育，制定各种施工技术安全措施，处理施工中的各种技术问题。

7）负责贯彻各种技术标准、设计文件、技术规定，严格执行操作规程、验收规范和质量评定标准。

8）组织隐蔽工程验收和分部分项工程质量评定，处理质量事故。

9）积极开展技术革新研究，提出合理化建议，不断地改进施工方法。

10）负责施工日志记录，整理技术档案的全部原始资料，做好工程技术档案上报工作。

2. 图纸会审制度

施工图纸是进行施工的依据。图纸会审制度是一项极其严肃和重要的技术工作，认真做好图纸的会审，对减少施工图中的差错，提高工程质量，创全优工程，保证施工顺利进行有重要作用。

在图纸会审前，建筑施工企业必须组织有关人员学习图纸，熟悉图纸的内容、要求和特点，以便掌握工程情况，考虑有效的施工方法和技术措施，提出图纸本身存在的问题，在图纸会审时提出改进意见。

图纸会审一般由建设单位组织，设计单位交底，施工单位参加，有组织、有领导、有步骤地进行。图纸会审的主要内容有：

(1) 设计是否符合国家有关的技术政策、经济政策和有关规定；

(2) 设计是否符合施工技术装备条件，如需要采取特殊技术措施时，技术上有无困难，能否保证安全施工；

(3) 图纸所示出的主要尺寸、标高、轴线、孔洞、预埋件是否有错误和遗漏，说明是否齐全、清楚、准确；

(4) 建筑、结构、设备安装之间有无矛盾和差错；

(5) 所采用的标准图与设计图有无矛盾；

(6) 有无特殊材料（包括新材料）要求，其品种、规格、数量能否满足需要；

(7) 给水、排水、供暖、通风与空调及工艺管道、照明及动力线路、电缆安装敷设空间有无矛盾；

(8) 提出有关合理化建议。

图纸会审后，应由组织会审的单位，将审查中提出的问题以及解决的办法详细记录，形成正式文件或会议记要，由设计单位解决，并列入工程技术档案。

在施工过程中，发现图纸仍有差错或与实际不符或因施工条件、材料规格、品种、质量不能完全符合设计要求，以及职工提出合理化建议等原因，需要进行施工图修改时，必须严格执行技术核定和设计变更签证制度。如果设计变更的内容对建设规模、投资等方面影响较大，必须报请批准单位同意。

所有的技术核定和设计变更资料，包括设计变更通知、修改图纸等，都要有文字记录，归入工程技术档案，并作为施工和竣工结算的依据。

3. 技术交底制度

技术交底是指在开工前，由各级负责人将有关工程施工的各项技术要求逐级向下传达贯彻，直到班组第一线。其目的在于使参与工程项目施工的技术人员和工人熟悉工程特点、设计意图、施工措施等，做到心中有数，保证施工顺利进行。因此，技术交底是施工技术准备工作的必要环节，安装施工现场必须认真执行。

施工单位的技术交底一般可以分为三级制：

(1) 公司向工程处（工区、施工队）交底：

凡是技术复杂的重点工程、重点部位和公司负责编制的施工组织设计，都应由公司总工程师向工程处（工区、施工队）的主任工程师或技术队长及有关职能部门负责人进行技术交底。

技术交底的主要内容：明确施工技术关键问题，总包单位与分包单位的配合，土建与安装交叉作业要求；主要项目施工方法，设计文件要点及设计变更情况；特殊项目的处理方案，对该工程的工期、质量、成本、安全要求，采取的技术组织措施等。

(2) 工程处（工区、施工队）向技术人员交底：

凡是复杂工程或工程处编制的施工组织设计（施工方案），应由工程处主任工程师或施工技术队长向单位工程负责人及有关职能负责人进行技术交底。

技术交底的主要内容：关键性的技术问题，新操作方法和有关技术规定，主要施工方法，施工顺序安排，材料结构的试验项目，保证工程进度、质量及节约材料等技术组织措施。

(3) 单位工程负责人（施工员、工长）向工人班组进行交底：

工程负责人向参与施工的班组长及工人技术骨干交底，是最基层的技术交底工作，是关系技术工作具体实施的重要环节。

技术交底的主要内容：施工图中应注意的问题，各项技术指标要求和具体实施的各项技术措施，有关项目的详细施工方法、程序、工种之间配合、工序间搭接和安全操作要求，设计修改、变更的具体内容、注意事项，施工有关的规范、规程、质量要求等。

技术交底的内容应根据工程项目的繁简程度来定，一般是围绕施工工艺、施工方案、技术安全措施、操作规程、质量标准、采用新工艺、新材料、新技术要求等进行详细、有重点的交待。技术交底可采用多种形式，一般多采用文字、图表形式交底，也可采用示范操作或样板形式交底。

4. 技术复核制度

技术复核制度是指在施工中，为避免发生重大差错，保证工程质量，对重要的和涉及工程全局的技术工作，依据设计文件和有关技术标准进行的复核和检查。其目的是为了及时发现问题和及时纠正。因此，技术复核也称为预检。

5．材料试验、检验制度

（1）材料试验和检验的目的：

做好建筑安装工程材料和构件的试验、检验工作，是合理使用资源、确保工程质量的重要措施。

材料试验和检验是指对施工用的材料、构件、零配件进行抽检或进行试验的工作。其目的是保证施工项目所用的材料、构件、零配件和设备的质量，把质量隐患消灭在施工之前，以确保工序质量和工程质量。如钢材、变压器、电机、避雷针、高压绝缘材料、电气材料等都应按规定抽样检查，预制加工厂必须对成品和半成品进行严格检查，签发出厂合格证明，新材料、新构件要经技术鉴定合格才能在工程上使用。因此，施工现场必须健全试验、检验机构，配备检测和试验设备和人员，并予以制度化。

（2）材料试验、检验制度的要求：

1）钢材的验收和试验。安装工程用的各种钢管和型钢进场后，要检查质量合格证。检查内容有：炉种、强度等级、规格、机械性能、化学成分的数据及结论，出厂日期、厂部门检验印章等，对质量有疑问时，应进行抽样试验，试验报告单由试验部门填写并盖章，施工技术人员进行收集，作为工程验收、存档的依据；

2）成品、半成品件验收。工程用的成品、半成品件，必须由质量部门提出合格证明文件。对有证明文件但质量有疑问时，应进行复验，证明合格后才可以使用；

3）构件的验收。对加工生产的各种钢质构件、钢木构件、混凝土构件运到现场后，应逐件检查外观，并按规定进行结构性能抽验。如有问题及时处理，必要时应邀请设计单位共同研究；

4）电焊条的验收。焊接所用焊条，要有焊条材质的合格证明，对质量有疑义时，应进行复验，证明合格后才可以使用；

5）保温材料验收。保温材料进场后，应按设计规定要求进行验收。如需试验检查时，应检验其密度、含水率、导热系数等，使其满足设计要求；

6）新材料、新产品的验收。工程推荐采用的新材料、新产品、新工艺，施工前应进行技术鉴定，并制定出质量标准及操作规程后才能使用；

7）机电设备试验要求。对变压器、电机、避雷针、高压绝缘材料、加热器、暖卫、电气材料等，无论有无合格证明，在使用前均应进行检查和试验，否则不得敷设和安装；

8）其他材料的验收。凡是设计对质量有要求的其他材料，都应有符合设计及有关规定的出厂质量证明。

6．工程质量检查验收制度

为了保证工程的施工质量，在施工过程中根据国家规定的《建筑安装工程质量检验评定标准》逐项检查施工质量。在所有建设项目和单位工程按照设计文件规定的内容全部建完后，根据国家规定，进行一次综合性检查验收，评定质量等级。目的是为了保证工程项目的施工质量，符合设计要求。工程质量检查验收的具体内容如下：

（1）必须建立健全工程质量检查验收机构并配备专职人员，制止违章作业，对已完工但不合格的分部分项工程，有权拒绝签证；

(2) 专职检查与群众性检验相结合,广泛开展自检、互检和交接检;

(3) 质量检验制度与技术复核制度、材料检验制度等相结合;

(4) 分部分项工程验收是评定工程质量的基础,是工程价款结算的依据。

7. 施工日志制度

施工日志是指单位工程在施工中按日填写的有关施工活动的综合原始记录。其目的是为了积累施工中有关施工活动情况,以便形成工程档案或工程索赔的依据,因此,施工日志要全面如实记载。其主要内容如下:

(1) 工程项目开、竣工日期及有关分部分项工程部位的起止施工日期;

(2) 全部施工图及有关技术文件收发日期和技术变更修改记录;

(3) 质量、安全、机械事故情况的记载、分析和处理记录;

(4) 现场有关施工过程的重要决议记录;

(5) 气温、气候、停水、停电、安全事故、停工待料情况记录。

8. 工程技术档案制度

为了给建筑安装工程交工后的合理使用、维护、改建、扩建提供依据,施工企业必须按建设项目及单位工程,建立工程技术档案。它是记载和反映本单位施工、技术、科研等活动的真实历史记录,具有保存价值。包括有:建筑设计图纸;说明书;计算书;施工组织设计;照片;图表;竣工图以及总结和交工验收等材料。

工程技术档案工作的目的是:它是该建设工程活动的产物,又是对该项建设工程进行管理、维修、鉴定、改建、扩建、恢复等工作不可缺少的依据;同时也是分析和考核建筑物价值的依据以及为施工企业现在的、未来的施工提供经验。因此,工程技术档案必须和它所反映的建设对象的实物保持一致。

工程技术档案工作的任务是:按照一定的原则和要求,系统地收集汇总工程建设全过程中具有保存价值的技术文件资料,并按归档制度加以整理,以便完工验收后完整地移交给有关技术档案管理部门。

建筑企业工程技术档案的内容有四部分:

(1) 工程交工验收后交给建设单位保管的工程技术档案,其内容有:

1) 竣工图和竣工工程项目一览表;

2) 图纸会审记录、设计变更和技术核定单;

3) 材料、构件和设备的质量合格证和试验报告单;

4) 隐蔽工程验收记录;

5) 工程质量检查评定和质量事故处理记录;

6) 设备和管线调试、试运转等记录;

7) 主体结构和重要部位的试件、试块、焊接、材料试验、检查记录;

8) 施工单位和设计单位提出的建筑物、构筑物、设备使用注意事项方面的文件;

9) 其他有关该工程的技术决定。

(2) 由建筑安装施工企业保存,供本单位今后施工参考,内容有:

1) 施工组织设计及经验总结;

2) 技术革新建议的试验、采用和改进的记录;

3) 重大质量、安全事故情况,原因分析及补救措施记录;

4) 有关重大技术决定;
5) 施工日志;
6) 其他施工技术管理的经验总结。
(3) 大型临时技术档案的保管:
1) 施工现场总平面布置图、施工图;
2) 大型临时设施图纸和计算资料。
(4) 为工程交工验收准备的材料:

如施工执照、测量记录、设计变更洽商记录、材料试验记录(包括出厂证明)、成品和半成品出厂证明检验记录、设备安装及暖卫、电气、通风与空调的试验记录,以及工程检查及验收记录。

工程技术档案是永久性保存文件,应严加管理,不能遗失和损坏。人员调动,必须办理交接手续。由施工单位保存的资料,根据工程性质,确保使用年限。

(二) 技术组织管理措施

技术组织管理措施是指为了完成施工任务,加快施工进度、提高工程质量、降低工程成本,在技术和组织管理上所采取的比较具体、可行的各种手段和方法。它和技术革新不同,技术组织管理措施是综合已有的技术和组织管理经验与措施,并针对具体工程特点提出推广应用的施工技术措施;而技术革新则强调一个"新"字,其目的在于攻克技术薄弱环节,采用创新的技术来代替原来陈旧或落后的技术。

1. 技术组织管理措施的内容
(1) 加快施工进度的措施;
(2) 保证提高工程质量的措施;
(3) 节约原料、材料、动力、燃料的措施;
(4) 推广新技术、新结构、新工艺、新材料、新设备的措施;
(5) 改进施工机械的组织管理,提高机械的完好率和利用率的措施;
(6) 改进施工工艺和操作技术,提高劳动生产率的措施;
(7) 合理改善劳动组织,节约劳动力的措施;
(8) 发动群众提合理化建议的措施;
(9) 保证安全施工的措施;
(10) 各项技术、经济指标的控制数字。

2. 技术组织管理措施计划编制与贯彻

技术组织管理措施计划编制要求:
(1) 根据公司颁发的纲要,结合施工现场的特点和具体条件进行编制;
(2) 应同施工计划一样,按年、季、月编制年、季、月度技术组织管理措施计划;
(3) 季度和月度技术组织管理措施计划目标要求应明确,内容要具体,做到有指标、有措施,有具体对象或有实施的部门和班组,要具有指导性和实践性。

技术组织管理措施计划的执行:

技术组织管理措施计划一经制定并批准后,就要认真贯彻执行。安装施工现场应结合施工计划将技术组织管理措施计划向有关施工队或班组(工种)做详细交底并认真贯彻。每月末应对执行情况进行统计,上报施工项目经理部。为了保证技术组织管理措施计划的贯彻执行，施工项目经理部应有专人负责检查督促技术组织管理措施计划的执行，并协助有关施工队做好这一项工作。在月初将上月的执行情况上报公司，年末将全年的执行情况上报公司。技术组织管理措施计划表格如表3-12所示。

技术组织管理措施计划表　　　　　　　表3-12

序　号	措施项目名称	措施内容	工程对象	执行指标	经济效果	执行人

第四节　质　量　管　理

一、质量的基本概念

（一）质量

根据我国国家标准（GB/T—92）和国际标准（ISO—8402—86），质量的定义是"反映产品或服务满足明确或隐含需要能力的特性和特征的总和"。定义中，"产品或服务"是质量的主体；"明确需要"一般指在合同环境中，用户明确提出的要求或需要，通常是通过合同及标准、规范、图纸、技术文件作出明文规定，由供方保证实现；"隐含需要"一般指非合同环境（即市场环境）中，用户未提出或未指出明确要求，而由生产企业通过市场调研进行识别与探明的要求或需要，这是用户或社会对产品服务的"期望"，也就是人们所公认的不言而喻的那些"需要"，如住宅实体能满足人们最起码的居住功能就属于"隐含需要"；"特性和特征"是"需要"的定性与定量的表现，因而也是用户评价产品或服务满足需要程度的参数与指标系列，需要可以包括合用性、安全性、可用性、可靠性、维修性、经济性和环境等方面。

简单地说，一是必须符合规定要求，二是要满足用户期望。以往对质量的概念局限于符合规定的要求，而忽视了用户的需要。可以说，现行的质量定义是质量管理的一大发展。

（二）产品质量

产品是"活动或过程的结果"。产品包括服务、硬件、流程性材料、软件或它们的组合。产品分为有形产品和无形产品。有形产品是经过加工的成品、半成品、零配件，如设备、预制构件、建筑安装工程、市政设施等；无形产品包括各种形式的服务，如邮政、运输、商贸、维修等。

产品质量是指产品满足人们生产及生活中所需的使用价值及其属性。它们体现为产品的内在和外观的各种质量指标。根据质量的定义，可以从两方面来理解产品质量的含义。

（1）产品质量好坏和高低是根据产品所具备的质量特性能否满足人们需要及满足程度来衡量的。一般有形产品的质量特征主要包括：性能、寿命可靠性、安全性、经济性等；

无形产品特性强调及时、准确、圆满与友好等。

（2）产品质量具有相对性。即一方面，对有关产品所规定的要求及标准、规定等因时而异，会随时间、条件而变化；另一方面，满足期望的程度由于用户需求程度不同，因人而异。

（三）工程项目质量

工程项目质量包括建筑安装工程产品实体和服务这两类特殊产品的质量。

建筑安装工程实体作为一种综合加工的产品，它的质量是指建筑安装工程产品适用于某种规定的用途，其所具备的质量特性满足人们要求的程度。由于建筑安装工程实体具有"单件、定做"的特点，工程实体质量除具有一般产品所共有的特性之外，还有其特殊之处：

（1）理化方面的性能表现为机械性能（强度、塑性、硬度、冲击韧性等）以及抗渗、耐热、耐磨、耐酸、耐腐蚀等性能；

（2）使用时间的特性表现为工程产品的寿命或其使用性能稳定在设计指标以内所延续时间的能力；

（3）使用过程使用性表现为建筑安装产品的适用程度，机械设备的操作及维修的方便程度；

（4）经济特性表现为造价、生产能力或效率，生产使用过程中的能耗、材耗及维修费用高低等；

（5）安全特性表现为保证使用及维护过程的安全性能。

"服务"是一种无形的产品。服务质量是指企业在推销前、销售时、售后服务过程中满足用户要求的程度。其质量特性依服务行业内不同业务内容而异，但一般包括：

（1）服务时间，即为用户服务主动、及时、准时、适时、周到的程度；

（2）服务能力，指为用户服务时准确判断、迅速排除故障，以及指导用户合理使用产品的程度；

（3）服务态度，指在用户服务过程中热情、诚恳、有礼貌、守信用，建立良好服务信誉的程度。

结合建筑安装工程施工项目的特点，即招标投标，工程承包，以及投资额较大、生产周期（工期）较长，因此服务质量同样是工程项目质量中的主要内容之一。如在《质量管理和质量体系要素》（ISO 9004—2）第二部分"服务指南"的附录 A 中，将建筑设计、工程、建筑维修等均列入"可采用此国际标准的服务行业"。建筑业的服务质量既可以是定量的（可测量的），也可以是定性的（可比较的），例如施工工期、现场的场容、同驻现场的监理和其他施工单位之间协作配合（土建与安装之间）、工程竣工后的保修等。

（四）工作质量

工作质量是指参与工程的建设者，为了保证工程的质量所从事工作的水平和完善程度。

工作质量包括：社会工作质量如社会调查、市场预测、质量回访等；生产过程工作质量如政治思想工作质量、管理工作质量、技术工作质量和后勤工作质量等。工程质量的好坏是建筑工程形成过程的各方面、各环节工作质量的综合反映，而不是单纯靠质量检验检查出来的。要保证工程质量就要求有关部门和人员精心工作，对决定和影响工程质量的所有因素严加控制,即通过工作质量来保证和提高工程质量。

二、质量管理的发展

随着科学技术的发展和市场竞争的需要,质量管理已越来越为人们所重视,并逐渐发展成为一门新兴的学科。质量管理作为企业管理的有机组成部分,它的发展也是随着企业管理的发展而发展,其产生、形成、发展和日趋完善的过程可分为三个阶段,即传统质量管理阶段、统计质量管理阶段和全面质量管理阶段。

(一)质量管理发展的三个阶段

1. 传统质量管理阶段

传统的质量管理的主要手段是按照规定的技术要求,对已经生产出来的产品进行严格的质量检验,将不合格的成品挑出来,对不合格的工程进行修补、加固,以保证工程质量。这种方法是一种单纯的事后检验,而不能事先排除影响工程质量的各种不利因素,起不到"预防为主"的作用。

1924年,美国统计学家休哈提出了"预防缺陷"的概念,他认为,质量管理除了事后检查外,还应做到事先预防,在有不合格产品出现的苗头时,就应发现并及时采取措施予以制止。他创造了统计质量控制图等一套预防质量事故的理论。同时,还有一些统计学家提出了抽样检验的办法,把统计方法引入了质量管理领域使得检验成本得到降低。但由于当时人们没有充分理解和认识,并未得到真正执行。

2. 统计质量管理阶段

统计质量管理,则是在传统的质量管理的基础上,把对产品的质量从"事后"转到了"事中",从产品的事后检验发展到以预防为主。对生产过程的各个环节进行适当的抽样检验,采用数理统计的方法进行分析研究,从而发现、控制并消除生产过程中影响质量的不利因素,把单纯的质量检验变成了过程管理,实行质量控制。

第二次世界大战以后,许多工业发达国家的企业采用和仿效这种质量工作模式。但是因为过分强调对数理统计知识的掌握,给人们以统计质量管理是少数数理统计人员责任的错觉,而忽略了广大生产与管理人员的作用,结果并没有充分发挥数理统计的作用,又影响了质量管理功能的发展,把数理统计在质量管理中的作用推到了极端。到了20世纪50年代人们认识到统计质量管理方法并不能全面保证产品质量,进而导致了"全面质量管理"新阶段的出现。

3. 全面质量管理阶段

全面质量管理是提高产品质量,实现企业现代化的根本保证。20世纪60年代以后,随着社会生产力和科学技术的进步,经济上的竞争日益激烈,用户对产品质量的要求日益提高,不仅要求控制产品的一般性能,而且要保证产品的使用寿命和安全可靠性。为了达到这些既定目标,要求参加产品生产过程的全体人员要有很高的思想觉悟和技术素质,对各种影响质量的因素全面加以控制,才能达到设计标准和使用要求,确保产品质量百分之百的合格。

全面质量管理就是全方位的质量管理。它包括对生产全过程的每一道工序的质量管理,勘察设计、施工、交工验收等每道工序,每个环节,每个岗位都要进行质量管理,强调"上道工序要为下道工序服务","产品为用户服务",对于投入生产全过程的所有材料、设备成品、半成品等都要进行严格的质量检测把关,变事后检验为事先控制；对生产管理各部门的工作质量，对工人、技术人员和管理干部的工作质量，以及各级领导决策的质量都要进行全面的管理。它体现了现代科学技术和现代生产发展相适应的一种现代管理思想，它要求综合地、系统地控制产品质量，来达到提高产品质量的目的。

全面质量管理阶段的特点是针对不同企业的生产条件、工作环境及工作状态等多方面因素的变化，把组织管理、数理统计方法以及现代科学技术、社会心理学、行为科学等综合运用于质量管理，建立适用和完善的质量工作体系，对每一个生产环节加以管理，做到全面运行和控制。通过改善和提高工作质量来保证产品质量；通过对产品的形成和使用全过程管理，全面保证产品质量；通过形成生产（服务）企业全员、全企业、全过程的质量工作系统，建立质量体系以保证产品质量始终满足用户需要，使企业用最少的投入获取最佳的效益。

（二）质量管理与质量保证标准的形成

质量检验、统计质量管理和全面质量管理三个阶段的质量管理理论和实践的发展，促使世界各发达国家和企业纷纷制定出国家标准和企业标准，以适应全面质量管理的需要。这样虽然促进了质量管理水平的提高，却出现了各种各样的不同标准。各国在质量管理术语、质量保证要求、管理方式等方面存在很大差异，这种状况显然不利于国际经济交往与合作的进一步发展。

随着国际化的市场经济迅速发展，国际间的商品与资本的流动空间增长，国际间的经济合作，依赖与竞争日益加强，有些产品已超越国界形成国际范围的社会化大生产。特别是不少国家把提高进口商品质量作为限入奖出的手段，利用商品的非价格因素竞争设置关贸壁垒。为了解决国际间质量争端，消除和减少技术壁垒，有效地开展国际贸易，加强国际间的合作，统一国际质量工作语言，制定共同遵守的国际规范，各国政府、企业和消费者都需要一套通用的、具有灵活性的国际质量保证模式。在总结发达国家质量工作经验基础上，20世纪70年代末，国际标准化组织着手制定国际通用的质量管理的质量保证标准。1980年5月国际标准化组织的质量保证技术委员会在加拿大应运而生。它通过总结各国质量管理经验，于1987年3月制定和颁布了ISO9000系列质量管理及质量保证标准。此后又不断对它进行补充、完善。标准一经发布，相当多的国家和地区表示欢迎，等同或等效采用该标准，指导企业生产，开展质量工作。

质量管理和质量保证的概念和理论是在质量管理发展的三个阶段的基础上，逐步形成的，是市场经济和社会化大生产发展的产物，是与现代化生产规模、条件相适应的质量管理工作模式。因此，ISO9000系列标准的产生，满足了消费者要求；为生产方提供了当代企业寻求发展的途径；有利于一个国家对企业的规范化管理，更有利于国际间贸易和生产合作。它的产生顺应了国际经济发展的形势，适应了企业和顾客及其他受益者的需要。因而它的产生具有必然性。

三、全面质量管理

（一）全面质量管理的目的和任务

全面质量管理的目的就是以最低的成本、最短的工期，按照计划的数量完成用户最满意的建筑产品。保证工程质量是全体职工的首要职责，同时也必须注意经济效益，坚决杜绝浪费材料、浪费时间、拖延工期等不良现象，使企业所承担的建设任务在达到优良的质量标准的同时,能获得良好的经济效益,这是建筑安装工程施工企业实行全面质量管理的最终目的。

全面质量管理的基本任务,是组织全体职工认真分析工程质量和质量管理现状,明确树立奋斗目标,切实加强全面质量管理的基础工作,坚持按照实际情况确定工作方针和推行步骤,明确各部门质量管理的职能,建立严格的质量责任制;认真做好普及教育和专业培训工作;在施工过程中敢于实践、探索,结合实际情况,要力争在不远的将来,使具有中国特色的全面质量管理日益完善。

(二)全面质量管理的基本观点

建筑安装企业推行全面质量管理,主要是树立以下四个基本观点:

1. 为用户服务的观点

为用户服务,对外讲就是从产品的施工到交工验收使用的一切活动,把用户利益放在第一位,想用户所想,急用户所急,满足用户需求。对内讲就是上道工序要保证本工序质量,为下道工序提供保证质量的必要条件。使施工的全过程每个环节都能保证质量,用高质量的建筑产品,满足人民物质、文化生活的需求。

2. 实行三全管理的观点

三全管理即全过程、全企业、全人员的管理。

(1)全过程的管理:它是施工企业从施工准备、交工验收到使用期维修服务整个过程中,对生产和业务工作的质量进行控制和管理。

(2)全企业的管理:它是指企业各部门各方面工作都组织起来,为提高产品质量作出保证,共同为保证产品质量尽职尽责的管理方法。

(3)全人员的管理:它是指从企业经理到全体职工,调动一切人员的积极性,做到人人关心工程质量,人人管理质量,为工程质量负责的管理办法。

3. 预防为主的观点

建筑产品的施工,受客观因素影响较大,如操作工人、施工工艺、原材料及设备、施工环境等,其中一经发生变化必然要影响产品质量。而事先把关的管理方法,不容易生产不合格的产品或造成返工浪费现象。因此,应用科学手段,对每道工序进行认真、严格把关,及时消除隐患,达到保证和提高工程质量的目的。

4. 用数据说话的观点

全面质量管理,就是利用准确无误的数据资料进行质量管理。因此在施工过程中,要收集第一手实际数据,将实际数据经科学加工、分析和处理,提出问题,并结合专业技术和现场施工条件,对存在的问题作出决策和措施,确保工程质量。

(三)全面质量管理的基本方式

全面质量管理是美国数物统计家戴明,根据管理工作的客观规律总结出的"PDCA"循环模式。是把"系统工程、数学统计、运筹学"等运用到管理当中,而形成的一种行之有效的管理方法。它是通过计划(Plan)、实施(Do)、检查(Check)、处理(Action)的循环过程,将管理分为计划、实施、检查、处理四个阶段及具体化的八个步骤,把生产经营和生产中质量管理有机地联系起来,提高企业的质量管理工作。

全面质量管理(PDCA)的基本内容如下:

1. 四个阶段

(1) 计划阶段（即 P 阶段）。主要制定计划、方针、目标，拟定政策、措施、管理要点等。

(2) 实施阶段（即 D 阶段）。主要是按确定的计划实施执行。

(3) 检查阶段（即 C 阶段）。主要是对实施结果进行必要的检查和测试，找出存在的问题，肯定成绩。

(4) 处理阶段（即 A 阶段）。主要是处理检查出的问题，并肯定成功的经验，把暂时不能解决的问题移到下一个循环中去解决。

计划——实施——检查——处理，周而复始地转动，每一周转动过程都要确定解决存在的质量问题。这种呈现螺旋式的循环，把企业的生产活动、工程质量及其他工作不断推向新的高度。如图 3-5。

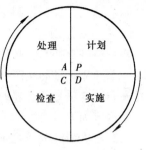

图 3-5　PDCA 循环

2．八个步骤（图 3-6）

为了解决工程中质量问题，把 PDCA 循环具体分为八个步骤：

(1) 调查、分析现状，找出问题。通过对本企业产品质量现状的调查分析，提出质量方面存在的问题；

(2) 分析各种产生问题的原因和影响因素。在找出影响质量问题因素的基础上，将各种影响因素加以分析，找出薄弱环节；

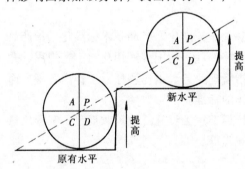

图 3-6　PDCA 循环提高示意图

(3) 找出主要的影响因素。在影响质量的各种原因中，分清主次，抓住主要原因，进行分析；

(4) 针对主要影响因素，制定措施，提出工作计划并预计效果。找出主要原因后，制定切实可行的对策和措施，提出工作计划；

以上为 P（计划）阶段。

(5) 执行措施和计划，即 D（实施）阶段。当措施确定后，在施工过程中，应贯彻执行措施，使措施得到具体落实；

(6) 检查采取措施后 C（检查）阶段。计划措施落实执行后，应及时地进行检查和测试，并把施工结果与计划进行分析，总结成绩，找出差距；

(7) 总结经验，制定相应制度或标准。通过总结经验，将有效措施巩固，并制定标准，形成规章制度及贯彻执行于施工过程中；

(8) 提出尚未解决的问题，转入下一个 PDCA 循环中去解决。

(7)、(8) 即是第四阶段 A（处理阶段）。

(四) 全面质量管理的基础工作

搞好质量管理，必须做好一系列的基础工作，其中最直接、也是最重要的有：质量教育工作、质量责任制、标准化工作、计量工作、质量信息工作等。

1．质量教育工作

质量管理教育的目的是使企业全体人员树立"质量第一"的观念，使全体人员都认识到确保工程质量，企业才有信誉，才能获得经济效益，才能在竞争中立于不败之地。企业质量教育可采用分期施教、重点教育、操作技术、工序管理等多种形式教育，使质量管理落实到行动上，真正达到全面质量管理要求。

2. 质量责任制

实行经济责任制，必须首先实行质量责任制。实践证明，只有实行严格的质量责任制，才能建立正常的生产技术工作秩序，才能加强对设备、原材料和技术工作的管理，才能提高企业各项专业管理的工作质量，把各方面的隐患消失于萌芽之中。质量管理责任制的主要内容如下：

(1) 建立和健全企业质量责任体系；
(2) 建立企业各级人员的质量岗位责任制；
(3) 组织各种形式的质量检查，及时处理工作中出现的质量问题；
(4) 严肃处理质量事故；
(5) 执行经济奖罚制度，改变干好干坏一样的状况；
(6) 建立质量回访制度，做好工程保养工作，及时进行信息反馈，提高质量管理水平。

3. 标准化工作

随着科学技术的进步，标准化的对象和范围也越来越广，其中，大多数标准都同质量管理直接有关。因此，推行质量管理，标准化工作是一项实现现代化生产管理的重要基础工作。

建筑产品标准化主要是产品技术标准化和业务工作标准化。产品技术标准化：指产品的品种、规格、尺寸系列化，质量与性能统一化，零部件、构配件通用化，工艺规程、操作方法、检验技术的制度化。业务工作标准化：指管理业务、工作程序、工作内容等方面的标准化。标准化是衡量企业经营、质量管理工作的标准。

在建筑生产中，与质量有关的标准主要有设计标准、工程施工及验收规范、工程质量检验评定标准、施工操作规程、设备维护和检修规程等。

4. 计量工作

计量工作对工业生产技术的发展及产品质量都有很大影响，所以做好计量工作是非常重要的。施工企业推广计量化，是施工生产的重要环节。以建筑安装工程施工为例，如生产时的投料计量，工作条件的控制计量，施工中对原材料、半成品、构配件的测试、检验分析计量等。因此，施工企业建立健全计量工作，使施工所用各种监测、化验仪器数值准确是确保施工生产的重要手段。

5. 质量信息工作

质量信息是质量管理的耳目，是质量管理工作不可缺少的重要依据。整个企业管理活动，从本质上讲就是信息流动的过程，搞好质量管理，提高产品质量，关键要对来自各方面的影响因素有清楚的认识，做到心中有数。

施工企业收集质量信息有两种方式，一是收集施工过程中有关工程质量、工作质量的各种原始状态资料，如原材料、构配件的出厂检验、验收记录、材料保管发放、图纸会审、及成本记录、技术交底、质量安全记录和竣工、交工验收等。另一种是收集产品使用中通过回访、调查反映用户对工程质量意见的资料。

四、工程质量检验与验收

（一）工程质量检验

工程质量检验是按国家标准、规程，采用一定测试手段，对工程质量进行全面检查、验收的工作。质量检验，可避免不合格的原材料、构配件进入工程中，中间工序检验可及时发现质量情况，采取补救或返工措施。质量检验是实行层层把关，通过监督、控制，来保证整个工程质量。

1．质量检查方式

质量检查是一项专业性、技术性、群众性的工作，通常采用以专业检查为主与群众性自检、互检、交接检相结合的检查方式。

（1）自检：是指操作者或班组的自我把关，通常采用挂牌施工，分清工作范围，以便检查，确保交付产品符合质量标准；

（2）互检：是指操作者之间或班组之间的相互检查、督促，通过交流经验、找差距，共同保证工程质量；

（3）交接检：是由工长或工地负责人组织前后工序的交接班检查，以确保前道工序质量，为下道工序施工创造条件；

（4）专职质量检查：是由专职质量检查人员对工程进行分期、分批、分阶段检查与验收。

2．质量检查的依据

（1）设计图纸、施工说明书及有关的设计文件；

（2）建筑安装工程施工质量验收规范；

（3）建筑安装分项工程工艺标准和施工操作规程；

（4）《建筑工程施工质量验收统一标准》；

（5）原材料、成品、半成品、构配件及设备的质量检验标准。

3．工程质量的检查内容

（1）外形检查：对分部分项工程外形检查和成品、半成品、构配件及规格检查；

（2）物理性能检查：对原材料、成品、半成品、管道、电线电缆、设备及容器等承压、耐温、绝缘、防腐等性能的检查；

（3）化学性能检查：对钢材、水泥、焊药、沥青及各种防腐与保温等原材料的化学成分的分析检查；

（4）使用功能的检查：满足用户使用要求的检查，如使用方便、功能齐全等；

（5）施工准备中的检验：主要是基础标高、轴线的复核校验，机械设备开箱检查及预组装，原材料、构配件的理化性能的检验等；

（6）施工过程的检验：主要是隐蔽工程检验，分部分项工程及检验批的检验；

（7）交工验收的检验：主要是建筑工程（包括电气照明、消防、水暖、通风等），设备安装工程（包括工艺流程、工艺设备的单体无负荷试运转、联动无负荷运转、联动负荷运转等）。工程验收先是施工单位自检，然后是施工、监理、建设单位竣工验收；最后质监站、设计、施工、监理、建设单位交工验收。验收中要有记录、验收单等技术资料，这些资料都应列入工程技术资料存入档案。

4．工程质量检查方法

目前，建筑安装工程可根据质量评定方法和实际经验方法进行检查，常用的是直观检查方法。建筑安装工程因项目复杂，专业性强，应采用仪器测试的检查方法。

（1）直观检查法：是指凭检查人员的感官，借助简单工具（直尺、卡尺、水平尺、线锤等），通过看、摸、照、靠、吊、量、套七种方法检查；

（2）仪器测试法：是指用一定的测试设备及仪器进行的检查，如原材料的机械强度试验，焊接件的透视拍照，电器的耐压试验等方法检查。

产品检查可采用两种方法，一种是全数检查：即对产品进行逐项、逐件检验，多用于工程量少，而质量要求特别高及严格的项目上。另一种是抽样检查：即在工程中，按一定比例从分部分项中抽取一部分进行检查，要求抽样检查采用随机抽样的方法，避免抽样检查的片面性和倾向性。

（二）质量验收

质量验收是以国家技术标准为统一尺度，正确评定工程质量等级，促进工程质量不断提高，防止不合格的工程交付使用。

1. 质量验收项目的划分

根据《建筑工程施工质量验收统一标准》规定，建筑工程的施工质量验收按检验批、分项工程、分部工程和单位工程的划分进行。

2. 建筑工程质量验收程序

工程质量的验收均应在施工单位自行检查评定的基础上，按施工顺序进行：检验批→分项工程→分部（子分部）工程→单位（子单位）工程。单位工程完工后，施工单位应自行组织有关人员进行检查评定，并向建设单位提交工程验收报告，建设单位应及时组织有关各方进行验收。单位工程质量验收合格后，建设单位应在规定时间内将工程竣工验收报告和有关文件，报建设行政管理部门备案。

3. 工程质量验收

（1）检验批质量验收

检验批是构成建筑工程质量验收的最小单位，是判定单位工程质量合格的基础。检验批质量合格应符合下列规定：

1）主控项目和一般项目的质量经抽样检验合格：

主控项目是指对检验批质量有致命影响的检验项目。它反映了该检验批所属分项工程的重要技术性能要求。主控项目中所有子项必须全部符合各专业验收规范规定的质量指标，方能判定该主控项目质量合格。反之，只要其中某一子项甚至某一抽查样本检验后达不到要求，即可判定该检验批质量为不合格，则该检验批拒收。换言之，主控项目中某一子项甚至某一抽查样本的检查结果若为不合格时，即行使对检查批质量的否决权。

2）具有完整的施工操作规程和质量检查记录。

检验批质量验收记录见表 3-13。

（2）分项工程质量验收

分项工程质量合格应符合下列规定：

1）分项工程所含的检验批均应符合合格质量的规定。

2）分项工程所含的检验批的质量验收记录应完整。

分项工程质量验收记录见表3-14。

检验批质量验收记录　　　　　　　　　　表 3-13

工程名称		分项工程名称		验收部位	
施工单位		专业工长		项目经理	
施工执行标准名称及编号					
分包单位		分包项目经理		施工班组长	

		质量验收规范的规定	施工单位检查评定记录	监理（建设）单位验收记录
主控项目	1			
	2			
	3			
	4			
	5			
	6			
	7			
	8			
	9			
一般项目	1			
	2			
	3			
	4			
施工单位检查结果评定	项目专业质量检查员： 年　月　日			
监理（建设）单位验收结论	监理工程师（建设单位项目专业技术负责人） 年　月　日			

（3）分部（子分部）工程质量验收

分部（子分部）工程质量验收合格应符合下列规定：

1）分部（子分部）工程所含分项工程质量均应验收合格。

53

_____分项工程质量验收记录　　表 3-14

工程名称		结构类型		检验批数	
施工单位		项目经理		项目技术负责人	
分包单位		分包单位负责人		分包项目经理	

序号	检验批部位、区段	施工单位检查评定结果	监理（建设）单位验收结论
1			
2			
3			
4			
5			
6			
7			
8			
9			
10			
11			
12			
13			
14			
15			
16			
17			

检查结论	项目专业技术负责人： 年　月　日	验收结论	监理工程师 （建设单位项目专业技术负责人） 年　月　日

A. 分部（子分部）工程所含各分项工程施工均已完成。

B. 所含各分项工程划分正确。

C. 所含各分项工程均按规定通过了合格质量验收。
D. 所含各分项工程验收记录表内容完整，填写正确，收集齐全。
2）质量控制资料应完整。
3）有关安全及功能的检验和抽样检测应符合有关规定。
4）观感质量验收应符合要求。

分部（子分部）工程质量验收记录见表 3-15。

_____分部（子分部）工程验收记录　　　　　表 3-15

工程名称			结构类型		层数	
施工单位			技术部门负责人		质量部门负责人	
分包单位			分包单位负责人		分包技术负责人	

序号	分项工程名称	检验批数	施工单位检查评定	验收意见
1				
2				
3				
4				
5				
6				

质量控制资料		
安全和功能检验（检测）报告		
观感质量验收		

验收单位	分包单位		项目经理	年 月 日
	施工单位		项目经理	年 月 日
	勘察单位		项目负责人	年 月 日
	设计单位		项目负责人	年 月 日
	监理（建设）单位	总监理工程师 （建设单位项目专业负责人）		年 月 日

（4）单位（子单位）工程质量验收

单位（子单位）工程质量验收合格应符合下列规定：

1）单位（子单位）工程所含分部（子分部）工程的质量无应验收合格
A. 设计文件和承包合同所规定的工程已全部完成。
B. 各分部（子分部）工程划分正确。
C. 各分部（子分部）工程均按规定通过了合格质量验收。
D. 各分部（子分部）工程验收记录表内容完整，填写正确，收集齐全。
2）质量控制资料应完整。
3）单位（子单位）工程所含分部工程有关安全和功能的检测资料应完整（如照明全负荷试验记录、大型灯具牢固性试验记录等）。
4）主要功能项目的抽查结果应符合相关专业质量验收规范的规定。

5)观感质量验收应符合要求。

单位（子单位）工程观感质量检查记录见表3-16。

单位（子单位）工程观感质量检查记录　　　　　表 3-16

工程名称			施工单位			
序号	项目		抽查质量状况	质量评价		
				好	一般	差
1	建筑与结构	室外墙面				
2		变形缝				
3		水落管、屋面				
4		室内墙面				
5		室内顶棚				
6		室内地面				
7		楼梯、踏步、护栏				
8		门窗				
1	给排水与采暖	管道接口、坡度、支架				
2		卫生器具、支架、阀门				
3		检查口、扫除口、地漏				
4		散热器、支架				
1	建筑电气	配电箱、盘、板、接线盒				
2		设备器具、开关、插座				
3		防雷、接地				

根据国家颁发《建筑工程质量监督条例》规定，未经质量监督站检验合格的工程不能申报竣工。因此，在验收过程中，质监部门应到现场参加验收，合格后应在检验合格单上签字盖章，做为存档技术资料。

4．交工验收

建设单位接到施工单位移交的交工资料后，派人对交工项目进行必要的检查鉴定，已分期分批验收的项目不再办理验收手续。经最后核定，具备交工条件，双方在交接验收书上签证，并可办理工程交接手续。

交工验收程序和工程交接手续

（1）工程完工后，施工单位先进行竣工验收，然后向建设单位发出交工验收通知单；

（2）建设单位组织施工单位、设计单位，当地质量监督员对交工项目进行验收。验收项目主要有两个方面，一是全部交工实体的检查验收，另一种是交工资料验收。验收合格后，可办理工程交接手续；

（3）工程交接手续的主要内容有：建设单位、施工单位、设计单位在《交工验收书》上签字盖章，质监部门在竣工核验单上签字盖章；

（4）施工单位以签定的交接验收单和交工资料为依据，与建设单位办理固定资产移交手续和文件规定的保修事项及进行工程结算；

（5）按规定的保修制度，交工后一个月进行一次回访，做一次检修，保修期为一年。

第五节 安 全 管 理

安全管理是在施工过程中,组织安全生产的全部管理活动。通过对生产因素具体状态控制,使生产因素不安全的行为和状态减少或消除,不引发为事故,尤其是不引发使人受到伤害的事故。使施工效益目标的实现,得到充分保证。

建筑安装施工企业是以施工生产为主业的经济实体。全部生产经营活动,是在特定空间进行人、财、物动态组合的过程,并通过这一过程向社会交付有商品性的建筑安装产品。在完成建筑安装产品过程中,人员的流动,生产周期长和产品的一次性,是其显著的生产特点,这些特点决定了组织安全生产的特殊性。

安全生产是施工项目重要的控制目标之一,也是衡量施工项目管理水平的重要标志。因此,施工项目必须把实现安全生产,当作组织施工活动的重要任务。

一、安全管理概念

(一) 安全生产与安全管理

安全是指在生产和其他活动中,没有危险,不受威胁,不出事故。安全生产指采取必要的组织措施,保证生产顺利进行,防止意外事故发生,保护人身和财产安全。

建筑产品生产的特点是手工操作,高空作业多,经常流动,现场环境复杂,施工条件较差,故容易发生事故,因此,搞好安全生产是施工企业的主要工作。

安全管理的中心问题是保护生产活动中人的安全与健康,保证生产顺利进行。宏观的安全管理主要包括安全法规、安全技术、工业卫生。三个方面即相互联系又相互独立。

(1) 安全法规也称劳动法规,以政策、规程、条例、制度等形式,规范操作或管理行为,从而使劳动者的劳动安全、身体健康、劳动环境的改善得到应有的法律保护。

(2) 安全技术,是指在生产活动中,防止伤亡事故,减弱劳动强度,所采取的必要措施。它侧重于对"劳动手段和劳动对象"的管理,包括预防伤亡事故的工程技术和安全技术规范、技术规定、标准、条例等,以规范物的状态来减轻或消除对人的危害。

(3) 工业卫生,也称生产卫生,是指在生产过程中防止高温、严寒、粉尘、噪声、毒气污染等对劳动者的安全与健康产生伤害而采取一系列防护与医疗措施。

以上三项工作是落实安全生产的主要条件。其中,安全法规是约束、控制职工不安全的行为,强调对"职工"的管理;安全技术是消除避免不安全因素,强调"劳动手段、劳动对象"的管理;工业卫生是改善劳动条件,强调对"生产环境"的管理,三者有机地联系起来,形成安全生产管理体系。

从生产管理的角度,安全管理可以概括为:在进行生产管理的同时,通过采用计划、组织技术等手段,依据并适应生产中人、物、环境因素的运动规律,充分发挥积极因素,而有利于控制事故发生的一切管理活动。如在生产管理过程实行标准化,组织安全点检,安全、合理地进行作业现场布置,推行安全操作资格确认制度,建立与完善安全生产管理制度等。

针对生产中人、物或环境因素的状态,有侧重采取控制人的具体不安全行为或物和环境的具体不安全状态的措施,往往会收到较好的效果。这种具体的安全控制措施,是实现安全管理的有力保障。

（二）施工现场的安全管理

施工现场是施工生产因素的集中点，其动态特点是多工种立体交叉作业，生产设施的临时性，作业环境多变性，人、机的流动性。

施工现场中直接从事生产作业的人密集，机、料集中，存在着多种危险因素。因此，施工现场属于事故多发的作业现场。控制人的不安全行为和物不安全状态，是施工现场安全管理的重点，也是预防与避免伤害事故，保证生产处于最佳安全状态的根本环节。

直接从事施工操作人员，随时随地活动于危险因素的包围之中，随时受到自身行为失误和危险状态的威胁或伤害，因此，对施工现场的人、机环境系统的可靠性，必须进行经常性的检查、分析、判断、调整，强化动态中的安全管理活动。

二、安全管理基本原则与措施

安全管理是企业生产管理的重要组成部分，是一门综合性的系统科学。安全管理的对象是生产中一切人、物、环境的状态管理与控制，安全管理是一种动态管理。为了有效地将生产因素的状态控制好，实现安全生产，那么在实施安全管理的过程中，必须坚持六项基本管理原则，落实安全生产责任制，实施责任管理。

（一）安全管理基本原则

1. 管生产同时管安全

安全寓于生产之中，并对生产起到促进和保证作用。安全与生产虽有时会出现矛盾，但从安全、生产管理的目标和目的来看，则表现为高度一致和完全统一。

安全管理是生产管理的重要组成部分，安全与生产在实施过程中存在着密切的联系，存在着进行共同管理的基础。

2. 坚持安全管理的目的性

安全管理的内容是对生产中的人、物、环境因素状态的管理，有效地控制人的不安全行为和物的不安全状态，消除或避免事故，达到保护劳动者的安全与健康的目的。

没有明确目的的安全管理是一种盲目行为，盲目的安全管理，只能是表面文章，劳民伤财，实际上危险依然存在。在一定意义上，盲目的安全管理，只能纵容威胁人的安全与健康的状态，向更为严重的方向发展转化。

3. 必须贯彻预防为主的方针

安全生产的方针是"安全第一、预防为主"。安全第一是从保护劳动者的角度和高度，表明在生产范围内安全与生产的关系，肯定安全在生产活动中的位置和重要性。

贯彻预防为主的方针，首先要端正对生产中不安全因素的认识，端正消除不安全因素的态度，选取消除不安全因素的时机，在安排与布置生产时的最佳选择，是针对施工生产中可能出现的危险因素，采取措施予以消除。在生产活动中，经常检查、及时发现不安全因素，采取措施，明确责任，尽快地、坚决地予以消除，是实行安全管理应有的鲜明态度。

4. 坚持"四全"动态管理

安全管理不是少数人和安全机构的事，而是一切与生产有关的人共同的事。缺乏全员的参与，安全管理不会出现好的管理效果。只有一切与生产有关的人和机构密切合作，才能够实现安全管理，保证生产的顺利进行。

安全管理涉及到生产活动的方方面面，涉及到从开工到竣工交付全部生产过程，涉到全部的生产时间，涉及到一切变化着的因素。因此，生产活动中必须坚持全员、全过程、全方位、全天候的动态安全管理。

5．安全管理重在控制

进行安全管理的目的是预防、消灭事故，防止或消除事故伤害，保护劳动者的安全与健康。在安全管理的四项主要内容中，虽然都是为了达到安全管理的目的，但是对生产因素状态的控制，与安全管理目的的关系更直接，显得更为突出。因此，对生产中人的不安全行为和物的不安全状态的控制，必须看作是动态的安全管理的重点。事故的发生，是由于人的不安全行为与物的不安全状态的交叉。从事故发生的原理看，也说明了对生产因素状态的控制，应该当作安全管理的重点，而不能把约束当做安全管理的重点，这是因为约束缺乏带有强制性的手段。

6．在管理中发展、提高

安全管理是在变化着的生产活动中的管理，是一种动态，意味着管理是不断发展的、不断变化的，以适应变化的生产活动，消除新的危险因素。然而更为需要的是不间断的摸索新的规律，总结管理、控制的方法与经验，指导新的变化后的管理，从而使安全管理不断地达到新的高度。

（二）安全生产责任制

安装工程施工项目承担控制、管理施工生产进度、成本、质量、安全等目标的责任。因此，必须同时承担进行安全管理、实现安全生产的责任。

（1）建立、完善以经理为首的安全生产领导，有组织、有领导地开展安全管理活动，承担组织、领导安全生产的责任。

（2）建立各级人员安全生产的责任制度，明确各级人员的安全责任。抓制度落实，抓责任落实，定期检查安全责任落实情况，及时报告。

（3）施工项目应通过监察部门的安全生产资质检查，并得到认可。

一切从事生产管理与操作人员，依照其从事的生产内容，分别通过企业、施工项目的安全审查，取得安全操作认可证，持证上岗。特种操作人员，像安装电工、焊工和起重工等除经过企业的安全审查外，还需按规定参加考核，取得监察部门核发的《安全操作合格证》，坚持"持证上岗"。施工现场出现特种作业无证操作现象时，施工项目必须承担管理责任。

（4）施工项目负责施工生产中物的状态审验与认可，承担物的状态漏验、失控的管理责任。承受由此而出现的经济损失。

（5）一切管理、操作人员均需与施工项目签定安全协议，向施工项目做出安全保证。

（6）安全生产责任落实情况的检查，应认真、详细地记录，作为分配、补偿的原始资料之一。

（三）安全技术措施计划制度

施工企业在编制施工生产计划和施工组织设计时，应根据工程特点编制必要的安全技术措施计划。如冬、雨期施工，应制定季节性安全技术措施；新工艺、新材料、新设备施工，应制定安全技术培训、操作措施；大型设备安装，制定吊装安全技术措施；劳动保护方面，制定改善劳动条件、防尘、防毒安全技术措施等。

（四）安全生产教育制度

安全教育是落实"预防为主"的重要环节。通过安全教育，增长安全意识，使职工安全生产思想不松懈，并将安全生产贯彻于生产过程中，才能收到实际效果。

1．安全教育的内容

（1）安全思想教育。主要是尊重人、爱护人的思想教育；国家对安全生产的方针、政策教育，遵守厂规、厂纪教育；使职工懂得遵守劳动纪律与安全生产的重要性，工作中执行安全操作规程，保证安全生产。

（2）安全知识教育。施工生产一般流程，安全生产一般注意事项，工作岗位安全生产知识教育；使职工了解建筑施工特点，注意事项，高空作业防护和各种防护设备品的使用。

（3）安全技术教育。安全生产技术与安全技术操作规程的教育，应结合工种岗位进行安全操作、安全防护、安全技能培训，使上岗职工能胜任本职工作。

（4）安全法制教育。安全生产法规、法律条文，安全生产规章制度的教育，使职工遵法、守法、懂法，一般是结合事故案例，针对性教育，避免再发生类似事故。

2．安全教育的方式

（1）坚持三级教育。对新工人入队（厂）时，应由公司进行安全基本知识、法规、法制教育；工程处或施工队进行现场规章制度、遵章守纪教育；施工班组的工种岗位安全操作、安全制度、纪律教育。

（2）对特殊工种培训。对电工、锅炉、压力容器、机械操作、爆破等特别作业和机动车辆驾驶作业的培训及应知应会考核，未经教育、没有合格证和岗位证，不能上岗。

（3）经常性教育。通过开展安全月、安全日、班组的班前安全会、安全教育报告会、电影等多种形式，将劳动保护、安全生产规程及上级有关文件进行宣传，使职工重视安全、预防各种事故发生。

（五）安全生产检查制度

在施工过程中，为了及时发现事故隐患，堵塞事故漏洞，预防事故发生，应进行各种形式的安全检查。安全生产检查多采用专业人员检查与群众性检查相结合的方法，但以专职性检查为主。

安全生产检查的形式：

（1）经常性安全检查。安全技术操作，安全防护装置，安全防护用品，安全纪律与安全隐患检查；一般由工长、安全员、班组长在日常生产中检查。

（2）季节性安全检查。春季防传染病检查，夏季防暑降温、防风、防汛检查，秋季防火检查，冬季防冻检查，通常由主管领导及有关职能部门进行检查。

（3）专业性安全检查。压力容器、焊接工具、起重设备、车辆与高空、爆破作业等的检查，主要由安全部门与各职能部门进行检查。

（4）定期性检查。公司每半年一次（普通检查），工程处或施工队每季一次，节假日的必要检查，由各级主管施工负责人及有关职能部门进行检查。

（5）安全管理检查。安全生产规划与措施，制度与责任制，施工原始记录、报表、总结、分析与档案等检查，由安全技术部门及有关职能部门进行检查。

安全检查的目的是发现、处理、消除危险因素，避免事故伤害，实现安全生产。消除危险因素的关键环节，在于认真的整改，真正地确确实实地把危险因素消除。对于一些由于种种原因而一时不能消除的危险因素,应逐项分析,寻求解决办法,安排整改计划,尽快予以消除。安全检查后的整改必须坚持不推不拖,不使危险因素长期存在而危及人的安全。

三、生产技术与安全技术的统一

生产技术工作是通过完善生产工艺过程、完善生产设备、规范工艺操作,发挥技术的作用,保证生产顺利进行,包含了安全技术在保证生产顺利进行的全部职能和作用。两者的实施目标虽各有侧重,但是工作的目的是完全统一在保证生产顺利进行,实现经济效益和社会效益这一共同的基点上。生产技术与安全技术的统一,体现了安全生产责任制的落实,具体的落实"管生产同时管安全"的管理原则。其具体体现在:

（一）完成施工任务

施工生产进行之前,了解产品特点、规模、质量、生产环境、自然条件等；摸清生产人员的流动规律,能源供给状况,机械设备的配置条件,需要的临时设施规模,以及物料供应、储放、运输等条件;完成生产因素的合理匹配计算,完成施工设计和现场布置。

施工设计和现场布置,经过审查、批准,即成为施工现场中生产因素流动与动态控制的惟一依据。

（二）完成作业方案

施工项目中的分部、分项工程,在施工进行之前,针对工程具体情况与生产因素的流动特点,完成作业或操作方案。这将为分部、分项工程的实施,提供具体的作业或操作规范。方案完成后,为使操作人员充分理解方案的全部内容,减少实际操作的失误,避免操作时的事故伤害,要把方案的设计思想、内容与要求,向作业人员进行充分交底。

（三）在生产技术工作中纳入安全管理

控制人的不安全行为、物的不安全状态,预防伤害事故,保证生产工艺过程顺利实施,在生产技术工作中应纳入如下的安全管理职责：

（1）进行安全知识、安全技能的教育,规范人的行为,使操作者获得完善的、自动化的操作行为,减少操作中人的失误。

（2）参加安全检查和事故调查,从中充分了解生产过程中,物的不安全状态存在的环节和部位、发生与发展、危害性质与程度。摸索控制物的不安全状态的规律和方法,提高对物的不安全状态的控制能力。

（3）严把设备、设施用前验收关,不使危险状态的设备、设施盲目投入运行,预防人、机运动轨迹交叉而发生的伤害事故。

四、伤亡事故的调查与处理制度

根据国务院颁发的《工人职工伤亡事故报告程序》的规定,对发生职工伤亡事故,应进行调查与处理工作。

（一）伤亡事故的调查

（1）伤亡事故的调查目的。掌握事故发生情况、查明发生原因、拟定改进措施,防止同类事故再次发生。

（2）伤亡事故调查的分工。轻伤事故,由工地负责；重伤事故,由工程处负责；重大伤亡事故,由公司负责。

（3）伤亡事故调查的内容。主要有伤亡事故发生的时间、具体地点、受伤人数、伤害程度及事故类别，导致伤亡事故发生的原因，受伤人员与事故人员的姓名、性别、年龄、工种、工龄与级别，现场实测图纸、图片及经济损失情况等。

（4）伤亡事故调查的注意事项。认真保护和勘察现场；对事故现场人员询问、调查，了解真实情况；索取必要的人证和技术签定和印证，为事故处理做好准备。

（二）伤亡事故的处理

（1）写出调查报告。把事故发生的经过、原因、责任及处理意见写成书面报告，经调查签证后方能报批。

（2）事故的审理和结案。按国家规定，由企业主管部门提出处理报告，经各级劳动部门审批和审理方能结案；对事故的责任者，按情节的损失大小给予相应处分，如触犯刑法应提交司法部门依法惩处。

（3）建立事故档案。把事故调查处理文件、图纸图片、资料和上级对事故所作的结案证明存档，并可做为宣传教育材料。

（4）提出防范措施。利用事故教训，提出改进对策，提出预测、预防措施，减少或杜绝事故发生。

（三）正确对待事故的调查与处理

事故是违背人们意愿的，一旦发生，关键在于对事故的发生要有正确认识，并用严肃认真、科学积极的态度，处理好已发生的事故，尽量减少损失。采取有效措施，避免同类事故的再次发生。

（1）发生事故后，以严肃、科学的态度去认识事故，实事求是按照规定要求报告，不隐瞒、不虚报、不避重就轻。

（2）积极抢救负伤人员的同时，保护好事故现场，以利于调查清楚事故原因，从事故中找到生产因素控制的差距。

（3）分析事故，弄清发生过程，找出造成事故的人、物、环境状态方面的原因，分清造成事故的安全责任，总结生产因素管理方面的教训。

（4）以事故为例，召开事故分析会进行安全教育。使所有生产部位、过程中的操作人员，从事故中看到危害，使他们认清坚持安全生产的重要性，从而在操作中自觉地实行安全行为，主动地消除物的不安全状态。

（5）采取预防类似事故重复发生的措施，并组织彻底的整改；使采取的预防措施，完全落实。经过验收，证明危险因素已完全消失时，再恢复施工作业。

（6）未造成伤害的事故，习惯的称为未遂事故。未遂事故就是已发生的、违背人们意愿的事件，只是未造成人员伤害或经济损失。然而其危险后果是隐藏在人们心理上的严重创伤，其影响作用时间更长久。未遂事故同样暴露安全管理的缺陷、生产因素状态控制的薄弱。因此，对未遂事故要如同已发生的事故一样对待，调查、分析、处理妥当。

第六节　施工项目管理与建设监理

一、施工项目管理

（一）施工项目管理

施工项目是指年度计划内正在进行的建筑安装活动的工程项目，也就是单位工程或单项工程的建筑产品的施工过程及其成果。由于分部、分项工程只是整个建筑产品的构成部分，因此，不能称为施工项目。

项目管理是指运用系统工程的方法，按项目内在逻辑规律，对有限资源进行科学有效的规划、组织、控制与协调，以达到在既定时间和资源内最优实现项目的一种系统管理活动。项目管理有广义和狭义之分。广义指从项目规划、立项开始至建成投产的全过程、全方位管理，可称为建设项目管理。狭义则指项目实施阶段的管理，可称为施工项目管理。

项目管理是一项系统性、综合性很强的工作，需要经济、技术、法律、组织行为等多种知识，涉及到诸如政府、银行、设计单位、承包单位、材料设备供应单位、运输公司、保险公司、咨询公司等许多方面。要接受政府和社会监理部门的监督管理。

(二) 施工项目管理与建设项目管理的区别

1. 管理的主体不同

施工项目管理的主体是建筑安装施工企业。一般不委托咨询公司进行项目管理。建设单位和设计单位都不进行施工项目管理。建设项目管理的主体是建设单位或委托咨询监理单位。在建设项目管理中，涉及到的施工阶段虽与施工项目管理有关，但仍为建设项目管理，不属于施工项目管理。监理单位把施工单位作为监督对象，虽然与施工项目管理有关，但不能算作施工项目管理。

2. 管理的任务不同

施工项目管理的任务是为了完成建筑安装产品，获取利润。而建设项目管理的任务是取得符合要求、能发挥应有效益的固定资产。

3. 管理的内容不同

施工项目管理的内容涉及从投标竞争到获取任务，到竣工交付使用为止的全部施工生产组织、管理与保修。而建设项目管理涉及固定资产投资和进行工程建设的全过程的管理。

4. 管理的范围不同

施工项目管理的范围是根据工程承包合同规定的承包范围，可能是一个单项工程或单位工程，而建设项目管理的范围，是由可行性研究报告所确定的所有工程作为一个建设项目。

(三) 施工项目管理的实施过程

施工项目管理的对象是一项技术复杂的一次性任务或工程的全过程，施工项目周期各阶段的工作内容构成了施工项目管理的全过程。对其管理的思想、组织、方法和手段都有一定的要求。

(1) 投标签约阶段：施工单位通过投标竞争到中标签订承包合同，实际上就是进行施工项目工作，这是施工项目寿命周期的第一个阶段，称为立项阶段。

(2) 施工准备阶段：施工单位与建设单位正式签订工程承包合同，便着手组建项目经理部，建立以项目经理为主的工作机构，配备人员和做好各项准备工作。

(3) 施工生产阶段：这个阶段是生产实施过程，目标是完成合同规定的全部施工任务。这一过程中，项目经理起着决策指挥和管理功能，而经营管理层、建设单位、监理单位的作用是支持、监督和协调。

(4) 竣工验收与工程结算阶段：这个阶段也是结束阶段，是对建设项目进行全面竣工验收，工程价款结算和办理移交。之后项目经理部就解体。

（5）用后服务保修阶段：从项目管理角度看，在工程竣工验收后，按合同规定的责任期内进行用后服务，进行必要的维护和保修，以保证正常使用，仍要进行项目管理。

（四）施工项目管理的内容和方法

1．建立施工项目管理组织

施工项目管理的主体是以项目经理为首的项目经理部，即作业管理层，是一个工作班子，是实现施工项目目标的保证。主要应做好如下工作：

（1）选聘称职的施工项目经理。一个施工项目是一项一次性的整体任务，在完成这个任务过程中，必须有一个最高的责任者和领导者，这就是施工项目经理。施工项目经理是对施工项目全面负责的管理者，是建筑施工企业的法人代表，是在项目上的全权委托代理人。因此，要求项目经理应具备较高的政治素质，有较强组织领导能力，具有中专以上相应学历，懂得施工技术和经营管理、法律知识，并且有一定的施工经验，同时具备项目经理资质证书。

（2）根据施工项目组织原则，选用适当组织形式，组建施工项目管理机构，明确责任权利和义务。

（3）根据施工项目管理需要，制定施工项目管理制度。

2．进行施工项目管理规划

施工项目管理规划是对施工项目管理组织、内容、方法、步骤重点进行预测和决策，做出具体安排的纲领性文件。施工项目管理规划包括两种文件：一种是投标之前编制的施工项目管理规划，作为编制投标书依据，也称"施工项目管理规划大纲"。另一种是签订合同以后编制施工项目管理规划，用以指导自施工准备、开工、施工，直至交工验收的工作过程，也称为"施工项目管理计划"。"施工项目管理大纲"和"施工项目管理计划"实际上就是通常所说的施工组织设计。为满足投标竞争需要，在投标前编制的施工组织设计（施工项目管理计划大纲），称为标前施工组织设计（简称标前设计），它的作用是为编制投标书和进行签约谈判提供依据。合同签定后编制的施工组织设计（施工项目管理计划），称为标后施工组织设计（简称标后设计），是为满足施工项目管理和组织指导现场施工。具体内容见第六章施工组织设计内容。

3．进行施工项目的目标控制

施工项目的目标是预期达到的成果或结果。施工项目的目标，有阶段性目标和最终目标。实现各阶段目标是管理的目的所在。目标管理是 20 世纪 50 年代由美国的德鲁克提出的，其基本点是以管理活动为中心，把经济活动和管理活动转换为具体的目标加以实施和控制。通过目标的实现，完成经济活动任务。

所谓"控制"是指在实现行为对象目标的过程中，行为主体按预定的计划实施，在实施的过程中会遇到许多干扰，行为主体通过检查，收集到实施状态的信息。将它与原计划作比较，发现偏差，采取措施纠正这些偏差，从而保证计划正常实施，达到预期目标的全部活动过程。

施工项目控制的任务是进行进度控制、质量控制、成本控制和安全控制。这就是四大目标控制。从建设监理代表业主的控制角度来讲，是建设项目的投资、进度、质量三大目标控制。但从施工项目经理部来讲，是施工项目的约束条件，也是施工效益的象征。

施工项目控制的目的是排除干扰,实现合同目标。施工中干扰因素来自多方面,如人为干扰因素、机械设备干扰因素、工艺及技术干扰因素、环境方面(包括技术环境、工程管理环境、劳动环境、社会环境、政治环境)的干扰因素等。施工项目控制的意义在于它对排除干扰的能动作用和保证目标实现的促进作用。

(1) 进度目标控制:

施工项目实施阶段的进度控制的"标准"是施工进度计划。是表示施工项目中各个单位工程或各分项工程的施工顺序、开竣工时间以及相互衔接关系的计划。依据项目的工期指标和各类施工计划,合理地安排施工顺序,对生产因素优化组合和动态配置,并辅以其他服务性工作,使项目连续、均衡、有节奏的施工,保证工程形象进度计划按期或提前完成。其形式主要有横道图计划和网络图计划。做好编制月(旬)作业计划和施工任务书,记录掌握现场施工实际情况,进行施工进度检查的调度工作。

(2) 质量目标控制:

施工质量控制,是对施工全过程的质量控制,是工程建设质量管理的重要一环,对提高工程建设质量及经济建设具有重要意义。它包括投入生产要素的质量控制、施工及安装工艺过程的质量控制和最终产品的质量控制。施工阶段的质量控制范围包括影响工程质量的人、材料、机械、施工方法和环境五个方面。要及时处理质量问题。施工质量控制,可分为施工质量的事前控制、事中控制和事后控制。

施工项目质量控制的依据包括技术标准和管理标准。技术标准包括:工程设计图纸及说明书,国家有关的施工质量验收规范,本地区及企业自身的技术标准和规程,施工合同规定采用的有关技术标准。管理标准有:《质量体系——生产和安装的质量保证模式》(GB/T 19002),《质量——术语》(GB/T6583—92),企业主管部门有关质量工作的规定,本企业的质量管理制度及有关质量工作的规定,项目经理部与企业签订的合同及企业与业主签订的合同,施工组织设计等。

施工项目质量控制的要点:

(1) 施工质量控制要以系统过程对待。施工全过程的质量控制是一个系统,包括投入生产要素的质量控制、施工及安装工艺过程质量控制和最终产品的质量控制。施工阶段的质量控制范围包括影响工程质量的五个方面的要素,即:人、材料、机械、方法、环境,它们形成一个系统,要进行全面的质量控制。根据质量形成时间,可以分为事前控制、事中控制、事后控制。

(2) 施工质量控制程序和主体。施工质量控制程序:事前控制(施工准备质量控制、开工报告质量控制)——事中控制(工序质量控制、分项工程质量控制、分部工程质量控制)——事后控制(竣工验收质量控制、档案资料质量控制)。控制主体有两种情况,一种是对施工活动本身,控制的主体是施工者本身;另一种是对检查活动,控制的主体首先也是施工者自身,但在监理和质量监督的情况下侧重点则有所不同。

(3) 施工质量控制方法。对施工质量的控制方法有很多,主要有一般技术方法、试验方法、检查验收方法、管理技术方法和多单位控制法。

(4) 质量体系为质量控制提供组织保证。进行质量控制,必须按 GB/T 19000—92 或 ISO 9000—87 系列标准建立质量体系,为质量控制提供组织保证。质量体系是指"为实施质量管理的组织结构、职责、程序、过程和资源"。质量体系的功能,就是通过质量策划、质量控制、质量保证和质量改进等活动，实施质量管理职能，实现质量方针和目标。一个组织有一个质量体系，在组织内外发挥着不同的作用。对内实施质量管理，对外实施外部质量保证。

(5) 成本目标控制：

施工项目成本是安装施工企业为完成施工项目的建筑安装工程任务所耗费的各项生产费用的总和，施工项目成本控制就是在其施工过程中，运用必要的技术管理手段，对物化劳动和活劳动消耗，进行严格组织和监督的一个系统过程，以实现低成本的目标。它包括施工过程中所消耗的生产资料转移价值及以工资补偿费形式分配给劳动者个人消费的那部分活劳动消耗所创造的价值。施工项目成本按经济用途分析其构成，包括直接成本和间接成本。其中直接成本是构成施工项目实体的费用，包括材料费用、人工费、机械费、其他直接费；间接成本是企业为组织管理施工项目而分摊到该项目上的经营管理费用。按成本与施工所完成的工程量的关系分析其构成，它由固定成本与变动成本组成，其中固定成本与完成的工程量多少无关，而变动成本则随工程量的增加而增加。

施工项目成本控制的全过程包括施工项目成本预测、成本计划的编制与实施、成本核算和成本分析等主要环节，而以成本计划的实施为关键环节。因此，进行施工项目成本控制，必须具体研究每个环节的有效工作方式和关键控制措施，从而取得施工项目整体的成本控制效果。要将质量、工期和成本三大相关目标结合起来进行综合控制，这样既实现了成本控制，又促进了施工项目的全面管理。

(6) 安全目标控制：

包括对人身安全和财产安全控制。目的是保证项目施工中避免危险、杜绝事故发生、不造成人身伤亡和财产损失。安全法规、安全技术和工业卫生是安全控制的三大主要措施。由于施工受自然条件影响大，高空作业，劳动密集，机械、用电、易燃、交叉作业多，安全控制难度大，所以要进行安全立法、执法和守法。建立安全组织系统和相应责任系统，加强安全组织工作。经常进行安全教育，科学合理制定和采用安全技术组织措施。开展安全防护和安全施工的研究，加强安全检查和考核，不断改进和提高安全施工水平。

(7) 施工现场控制目标：

施工项目现场管理是指从事施工活动经批准占用的施工场地。该场地既包括红线以内占用的建筑用地和施工用地，也包括红线以外现场附近经批准占用的临时施工用地。它的管理是指对这些场地如何科学安排、合理使用，并与各种环境保持协调关系。如何做好施工项目现场管理工作，具有重要意义：

1) 施工项目现场管理的好坏涉及施工活动能否正常进行。施工现场是施工的"枢纽站"，活动在现场的大量劳动力、机械设备和管理人员，通过施工活动将这些物资一步步地转变成建筑物和构筑物，这个"枢纽站"管理的好坏，涉及到人流、物流和财流是否畅通，涉及到施工生产活动能否顺利进行。

2) 施工项目现场是一个"绳结"，把各专业管理联系到一起。在施工现场，各项专业管理工作按合理分工分头进行，而又密切合作，相互影响，相互制约。施工现场管理的好坏，直接关系到各项专业管理的技术经济效果。

3) 工程施工现场管理是一面"镜子"，能够反映出施工单位的面貌，通过观察工程施工现场，施工单位的精神面貌、管理面貌、施工面貌赫然显现。一个文明的施工现场有着重要的社会效益，会赢得很好的社会声誉。反之也会损害施工企业的社会声誉。

4）工程施工现场管理是贯彻执行有关法规的"焦点"。施工现场与许多城市管理法规有关，诸如：地产开发、城市规划、市政管理、环境保护、市容美化、环境卫生、城市绿化、交通运输、消防安全、文物保护、居民安全、人防建设、居民生活保障、工业生产保障、文明建设等。每一个在施工现场从事施工和管理的工作人员，都应当有法制观念，执法、守法、护法。每一个与施工现场管理发生联系的单位都应注目于工程施工现场管理。所以施工现场管理是一个严肃的社会问题和政治问题，不能有半点疏忽。

工程施工现场管理的内容主要包括合理规划使用施工用地、科学地进行施工总平面设计、建立文明的施工现场、加强对施工现场使用的检查以及根据施工进展的需要，按阶段合理、及时地调整施工现场的平面布置。

4. 对施工项目的生产要素进行优化配置和动态管理

施工项目生产的要素，是指生产力作用于施工项目的有关要素，主要包括劳动力、设备、资金和技术。加强施工项目管理，必须对施工项目生产要素认真研究，强化其管理。施工项目生产要素管理的主要环节有：

（1）编制生产要素计划。计划是优化配置和组合的手段，对资源投入作出合理安排，以满足施工项目实施需要；

（2）生产要素供应。按编制的计划，从资源的来源到投入使用，保证施工项目需要；

（3）节约使用资源。根据资源特性，采取科学措施，进行动态配置和组合；

（4）生产要素投入、使用与产出实行核算与分析，达到合理使用与节约的目的；

（5）进行生产要素使用效果分析、总结管理的经验和效果，正确评价管理活动。目的是为管理提供信息反馈，以指导今后的管理工作。

5. 施工项目合同管理

施工项目合同管理是施工生产的履约经营活动，是从投标和签定工程合同开始的施工项目管理过程。合同管理是一项执法、守法活动，涉及到有关法律、法规以及国内、国际工程承包中合同的签定、履约和索赔等问题，必须讲究方法和技巧，加强施工项目合同管理。

6. 施工项目的信息管理

施工项目的信息管理是一项复杂的现代化管理活动。进行施工项目管理、目标控制、动态管理，必须依靠大量信息，实现以电子计算机为管理手段的信息管理。

7. 有关施工现场管理的规章制度

建设部已于1991年12月5日发布第15号令，公布《建设工程施工现场管理规定》。该规定是施工现场管理的法规和准则，必须遵照执行，加强管理。

二、建设监理

（一）建设监理的概念

监理，可以解释为：一个机构和执行者，依据一项准则，对某一行为的有关主体进行监督、检查和评价，并采取组织协调、疏导等方式，促使人们相互密切合作，按行为准则办事，顺利实现群众和个体的价值，更好地达到预期的目的。

建设监理就是对建设活动进行监理，即监理的执行者依据有关法规和技术标准，综合运用法律、经济、行政、技术手段，对工程建设参与者的行为和他们的责、权、利，进行必要的协调和约束，制止盲目性和随意性，确保建设行为的合法性、科学性和经济性，使工程建设投资活动能更好地进行，取得最大的经济效益。

（二）建设监理制度的实行与意义

1．我国建设监理制度的实行与发展

我国实行建设监理制度，始于1988年7月，建设部提出建立监理制的设想，立即得到国务院领导的赞同。制定的"试点起步、法规先导、讲究实效、逐步提高、健康发展"的指导方针和"一年准备、二年试点、三年铺开，利用五年或更多一点时间把建设监理制度建立起来"的工作规划。先后颁发了《关于开展建设监理工作的通知》和《关于开展建设监理试点工作的若干意见》等文件。1988年底，建设监理制试点在八市二部同时展开，并取得了积极成果，证明这个制度是可行的。通过总结试点经验，建设部会同有关部门和地区制定了《建设监理试行规定》。到1993年试点结束，进入稳步发展阶段，从1996年开始，转到全面实行阶段。

2．实行社会监理的意义

（1）实行社会监理是生产力发展的需要。我国在计划经济体制下，建设项目管理由建设单位组织临时筹建机构或由政府出面组织指挥部承担，主要是用行政手段组织工程建设，不能适应生产力发展的需要。改革开放以来，我国经济体制转向市场经济，改革了工程建设管理体制，实行建设监理制度，改变了政府单纯用行政命令来管理建设的方式。用专业化、社会化的监理队伍代替小生产管理方式，加强了建设的组织协调，强化合同管理，公正地调解权益纠纷；控制工程质量、工期和造价，提高投资效益和社会效益，促进了生产力的发展；

（2）实行建设监理制度是提高经济效益的需要。实行建设监理制度，改变了我国几十年来，建筑业经济效益不高，投资、质量和工期失控的局面。监理组织以独特的身份和专业特长，担任起监理责任。实践证明，实行建设监理的工程，在投资控制与质量控制以及进度控制方面可以收到良好的效果；

（3）实行监理是加强国际合作，与国际惯例接轨的需要。改革开放以来，我国大量引进外资进行建设，积极开展对外工程承包业务。置身于国际承包市场中，为了适应国际承包的需要，必须尽快按国际惯例实行监理制度。从我国推行建设监理制度以来，我们已经变被动为主动，改善了投资环境，提高了经济效益，增强了我国的国际竞争力。

3．我国的建设监理制度

我国建立建设监理制度的目标模式是：一个体系、两个层次；在项目监理方式上采取因地制宜、因部门制宜、因国制宜的多种灵活方式。

一个体系。指政府从组织机构和手段上加强和完善对工程建设过程的监督和控制，同时，把建设单位自行组织管理工程建设的封闭式体制，改为建设单位委托专业化、社会化的建设监理单位，组织工程建设的开放体制。社会监理工作在建设中自成体系，有独立的思想、组织、方法和手段。既不受委托监理的建设单位随意指挥，也不受施工单位和材料供应单位的干扰。

两个层次。指宏观层次和微观层次。宏观层次指政府监理，微观层次指社会监理。两者相辅相成，缺一不可，共同构成我国建设监理的完整系统。

多种方式。是指社会监理工作既可以由建设单位委托专业化、社会化的监理单位承担，也可以由建设单位直接派出相对独立的，具有监理组织资格的监理组织承担。

4．政府建设监理

政府建设监理，是指我国政府有关部门，对工程建设实施的强制性监理的社会监理工作进行监督管理。政府为保证工程建设最终质量、交工时间、价格与合同的合理合法，不但要对项目决策、规划、设计进行监督管理，还要对建设参与各方及其在建设过程中的行为进行监理。

(1) 政府建设监理的性质：

1) 强制性与法制性。政府有关机关实施的监督管理是强制性的。政府监理是依据国家的法律、法规、方针、政策和技术规范与各种标准实施监理。它主要是通过监督、检查、许可、纠正、禁止等方式强制实施。被监理者必须接受。

2) 全面性与宏观性。政府建设监理既对全社会各种工程建设的参与人，包括建设单位及其委托人、代理人、设计单位、施工单位和供应单位及它的行为监理，又贯穿于从建设立项、设计、施工、竣工验收直到交付使用的全过程的每一阶段的监理，因而具有全面性。虽然政府建设监理全面，但其深度达不到直接参与日常活动监理的细节，而只限于维护公共利益，保证建设行为规范性和保障建设参与各方合法权益宏观管理。

(2) 政府监理机构及职责：

建设部和省、自治区、直辖市建设主管部门设置专门建设监理管理机构，市（地、州、盟）、县（旗）建设主管部门根据需要设置或指定相应的机构，统一管理建设监理工作。

国务院工业、交通等部门根据需要设置或指定相应的机构，指导本部门建设监理工作。

(3) 建设部建设监理的职责：

1) 根据国家政策、法律、法规，制定并组织实施建设监理法规。

2) 制定社会监理单位和监理工程师的资格标准、审批和管理办法并监督实施。

3) 审批全国性、多专业、跨省（自治区、直辖市）承担监理业务的监理单位。

4) 参与大型建设项目的竣工验收。

5) 检查督促工程建设重大事故的处理。

6) 指导和管理全国建设监理工作。

(4) 省、自治区、直辖市建设主管部门建设监理的职责：

1) 贯彻执行国家建设监理法规，根据需要制定管理办法或实施细则，并组织实施。

2) 参与审批本地区大中型建设项目施工的开工报告。

3) 检查、督促本地区工程建设重大事故的处理。

4) 参与大中型建设项目的竣工验收。

5) 组织监理工程师资格考核、颁发证书，审批全省（自治区、直辖市）性的监理单位。

6) 指导和管理本地区的建设监理工作。

市（地、州、盟）、县（旗）建设主管部门的建设监理职责由省、自治区、直辖市政府规定。

5．社会建设监理

社会建设监理，是指社会监理单位受建设单位委托，对工程建设全过程或某一阶段实施监理。它既与建设单位签订委托合同，代表建设单位；又处于独立的第三方地位，主要是依据工程合同，具体组织管理和监督工程建设活动，在工程实施阶段控制投资、质量和进度，并维护建设单位和施工单位双方的合法权益。

(1) 社会监理的性质：

1) 专业性与服务性。社会监理单位不同于一般服务性机构。它所拥有的监理人员必须具有相当的学历和一定的专业知识、有长期从事工程建设工作的丰富经验、通晓相关的技术、经济管理和法律知识，并取得从事监理工作的合法资格，具有发现建设工程中设计、施工、管理和经济等方面问题和解决实际问题的能力。社会监理单位是知识密集型的高智能服务性组织，以自己的科学知识和专业经验为建设单位提供工程建设监理服务。

2) 公正性与独立性。社会监理单位在工程建设监理中具有组织有关各方协作、配合的职能，同时是合同管理的主要承担者。具有调解有关各方之间权益矛盾，维护合同双方合法权益的职能。为使这些职能得以实施，它必须坚持其公正性，而为了维护其公正性，又必须在人事上和经济上保持独立，以独立性为公正性的前提。

(2) 社会监理单位及监理内容：

我国的社会监理单位，目前可以是独立的工程建设监理公司，也可以是设计、科研、工程咨询单位兼营的工程建设监理事务所。必须经政府建设部门审批，发给资格证书，确定监理范围，再向同级工商行政机关申请登记，领取营业执照。社会监理的主要业务内容有：

1) 建设前期阶段。建设项目的可行性研究；参与设计任务书的编制。

2) 设计阶段。提出要求，组织评选设计方案；协助选择勘察、设计单位，商签勘察、设计合同并组织实施；审查设计和概（预）算。

3) 施工招标阶段。准备与发送招标文件，协助评审投标书，提出决标意见；协助建设单位与承建单位签订承包合同。

4) 施工阶段。协助建设单位与承建单位编写开工报告；确认承建单位选择的分包单位；审查承建单位提出的施工组织设计、施工技术方案和施工进度计划，提出改进意见；审查承建单位提出的材料和设备清单及其所列的规格与质量；督促、检查承建单位严格执行工程承包合同和工程技术标准；调解建设单位与承建单位之间的争议；检查工程使用的材料、构件和设备的质量，验收分部分项工程，签署工程付款凭证；督促整理合同文件和技术档案资料；组织设计单位和施工单位进行工程竣工初步验收，提出竣工验收报告；审查工程结算。

5) 保修阶段。负责检查工程状况、签定工程质量问题责任，督促保修。

(3) 监理单位的责任与要求：

建设单位委托监理单位承担监理业务，要与被委托单位签订监理委托合同。主要内容包括监理工程对象、双方权力和义务、监理酬金、争议的解决方式等。同时应在工程承包中，明确授予监理单位所需的监督权力。监理单位及其成员在工程中发生过失，要视不同情况负行政、民事直至刑事责任。监理单位应根据所承担的监理任务，设立由总监理工程师、监理工程师和其他监理工作人员组成的项目监理小组进驻施工现场。监理单位必须严格按照资格等级和监理范围承接监理业务。各级监理人员不得是施工、设备制造和材料供应单位的合伙经营者,或与这些单位发生经营性隶属关系或任职。

(三)施工项目管理与建设监理的关系

(1)建设监理单位和施工单位之间是监理与被监理的关系。在有总承包单位的情况下,项目经理部是作为分包单位与总承包单位签订合同关系,接受监理单位的监督。在施工现场,施工项目经理部与监理组织没有直接的组织关系,只有围绕工程项目进行接触并共同对施工项目负责。监理工程师按施工单位与业主签订的承包合同进行监督,以保证合同履行。

(2)施工项目与监理工程师在工作业务上有密切的关系。在商签合同中,一般是监理单位协助建设单位与承建单位签订承包合同。

在施工准备中,监理工程师的责任是代表业主单位督促承包商完成应负的准备工作,以便早日开工。当准备工作完成后,协助建设单位与承建单位编写开工报告书,并下达开工令。

在施工期间,业主与施工单位之间不直接打交道,而监理单位根据业主授予的权利开展工作。

(3)监理单位与施工单位双方是平等的法人组织,在工程项目管理中相互协作。监理单位在业务上既严格监督施工单位,又积极维护其合法权益。

本 章 小 结

本章主要介绍了施工企业的各项管理工作,包括计划管理、施工管理、质量管理、技术管理、安全管理以及施工项目管理和建设监理六部分内容。通过对本章内容的学习,了解和掌握各种管理的概念、性质、内容、依据;充分认识到做好施工过程中的各项管理工作的重要性,它是提高施工企业的社会信誉及生产经营水平、实现施工过程顺利进行的根本保证;同时,了解实行建设监理制度的重要意义,了解施工项目管理同建设监理的关系,掌握我国建设监理制度。

复 习 思 考 题

1. 施工管理的主要内容有哪些?应做好哪些准备工作?
2. 简述施工准备工作的意义及主要内容?
3. 施工现场准备包括哪些内容?什么叫做"三通一平"?
4. 在市场经济条件下,建筑安装企业计划管理的意义是什么?任务是什么?
5. 考核建筑安装企业的主要经济技术指标有哪几项?各项指标的具体内容是什么?
6. 如何编制好施工作业计划?编制施工作业计划有哪些原则和依据?
7. 施工任务书有哪些内容?其作用是什么?
8. 施工任务书必须具备哪些条件方能签发?如何做好施工任务书的管理工作?
9. 班组进行经济核算的内容和方法?
10. 建筑安装企业技术管理的主要任务是什么?有哪些主要内容?
11. 我国现行的建筑安装技术规范和标准主要有哪些?它们各起什么作用?
12. 为什么要进行技术交底?怎样做好技术交底工作?
13. 什么是质量管理?为什么要进行全面质量管理?它的目的和任务是什么?

14．全面质量管理的主要工作内容有哪些？
15．质量管理的 PDCA 四个阶段中各自任务是什么？PDCA 循环有何特点？
16．工程质量的检查内容主要包括哪些？
17．试述质量评定的程序和评级方法？
18．交工验收应具备哪些条件？应有哪些主要依据和标准？
19．安全管理的范围包括哪三个方面？各自侧重的内容有哪些？
20．安全管理中，要坚持哪六项基本原则？
21．如何落实安全责任、实施责任管理？
22．什么是项目管理和建设项目管理？二者有何区别？
23．施工项目管理包括哪些内容？
24．施工现场管理的主要内容有哪些？
25．什么是监理和建设监理？
26．什么是政府监理？政府监理有哪些性质？政府监理机构及职责是什么？
27．什么是社会监理？社会监理有哪些性质？
28 社会监理的主要业务内容有哪些？
29．施工项目管理与建设监理的关系是什么？

第四章 流水施工组织

第一节 流水施工基本原理

任何一个建筑安装工程都是由许多施工过程组成的,而每一个施工过程都可以组织一个或多个施工班组来进行施工。如何组织各施工班组的先后顺序或平行搭接施工,是组织施工的关键。

生产实践证明,在所有的生产领域中,流水作业法是组织生产的一种理想方法,它是建立在分工协作的基础之上。但是,由于建筑产品及其生产的特点不同,流水施工的概念、特点、效果与其他产品的流水作业也不尽相同。

一、建筑安装工程施工组织方式

在组织多幢房屋或将一幢房屋分成若干个施工区段以及多台设备同时安装进行施工的时候,可采用依次施工、平行施工和流水施工三种组织方式。这三种施工组织方式的概念、特点分述如下:

(一) 依次施工

依次施工也称顺序施工,就是按照施工组织先后顺序或施工对象工艺先后以及一台设备施工过程的先后顺序,由施工班组一个施工过程接一个施工过程连续进行施工的一种方式。它是一种最原始、最古老的作业方式,也是最基本的作业方式,它是由生产的客观情况决定的。任何施工生产都必须按照客观要求的顺序,有步骤地进行。没有前一施工过程创造的条件,后面的施工过程就无法继续进行。依次施工通常有两种安排方式:

1. 按设备(或施工段)依次施工

这种方式是在一台设备各施工过程完成后,再依次完成其他设备各施工过程的组织方式。例如:4台型号、规格完全相同的设备需要安装。每台设备可划分为二次搬运、现场组对、安装就位和调试运行4个施工过程。每个施工过程所需班组人数和工作持续时间为:二次搬运10人4天;现场组对8人4天;安装就位10人4天;调试运行5人4天。其施工进度安排如图4-1所示。图4-1中进度表下面的曲线称为劳动力消耗曲线,其纵坐标为每天施工人数,横坐标为施工进度(天)。

若用 t_i 表示完成一台设备某施工过程所需工作持续时间,则完成该台设备各施工过程所需时间为 $\sum t_i$,则完成 M 台设备所需时间为:

$$T = M \cdot \sum t_i \tag{4-1}$$

2. 按施工过程依次施工

这种方式是在完成每台设备的第一个施工过程后,再开始第二个施工过程的施工,直至完成最后一个施工过程的组织方式。仍按前例,其施工进度安装如图4-2所示。这种方式完成 M 台设备所需时间与前一种相同,但每天所需的劳动力消耗不同。

从图 4-1 和图 4-2 中可以看出：依次施工的最大优点是每天投入劳动力较少，机具、设备和材料供应单一，施工现场管理简单，便于组织和安排。当工程规模较小时，施工工作面又有限时，依次施工是适用的，也是常见的。

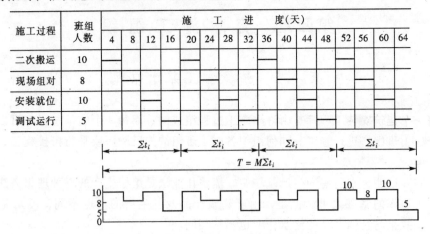

图 4-1 按设备（或施工段）依次施工

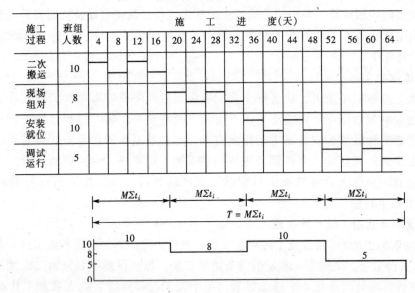

图 4-2 按施工过程依次施工

依次施工的缺点也很明显：按设备依次施工虽然能较早地完成一台设备的安装任务，但各班组施工及材料供应无法保持连续和均衡，工人有窝工现象。按施工过程依次施工时，各班组虽然能连续施工，但不能充分利用工作面，完成每台设备的时间较长。由此可见，采用依次施工工期较长，不能充分利用时间和空间，在组织安排上不尽合理，效率较低，不利于提高工程质量和提高劳动生产率。

（二）平行施工

平行施工是指所有工程对象同时开工，同时竣工。在施工中，同工种的 M 班组同时在各个施工段上进行着相同的施工过程。按前例的条件，其施工进度安排和劳动力消耗曲线如图 4-3 所示。

从图4-3可知，完成4台设备所需时间等于完成一台设备的时间，即：

$$T = \sum t_i \quad (4-2)$$

平行施工的优点是能充分利用工作面，施工工期最短。但由于施工班组数成倍增加，机具设备、材料供应集中，临时设施相应增加，施工现场的组织管理比较复杂，各施工班组完成施工任务后，可能出现窝工现象，不能连续施工。平行施工一般适用于工期较紧、大规模建筑群及分期分批组织施工的工程任务。这种施工只有在各方面的资源供应有保障的前提下，才是合理的。

（三）流水施工

流水施工是将安装工程划分为工程量相等或大致相等的若干个施工段，然后根

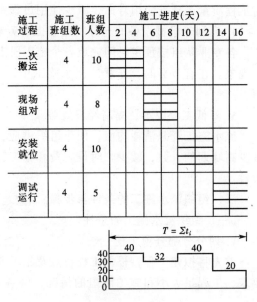

图4-3 平行施工

据施工工艺的要求将各施工段上的工作划分成若干个施工过程，组建相应专业的施工队组（班组），相邻两个施工队组按施工顺序相继投入施工，在开工时间上最大限度地、合理地搭接起来的施工组织方式。每个专业队组完成一个施工段上的施工任务后，依次地连续地进入下一个施工段，完成相同的施工任务，保证施工在时间上和空间上有节奏地、均衡地、连续地进行下去。

图4-4为前例采用流水施工的进度安排和劳动力消耗曲线。从图4-4中可以看出流水施工所需总时间比依次施工短，各施工过程投入的劳动力比平行施工少，各施工班组能连续地、均衡地施工，前后施工过程尽可能平行搭接施工，比较充分利用了工作面。它吸收了依次施工和平行施工的优点，克服了两者的缺点。它是在依次施工和平行施工的基础上产生的，是一种以分工为基础的协作。

二、流水施工的技术经济效果

流水施工是在依次施工和平行施工的基础上产生的，它既克服了依次施工、平行施工的缺点，又具有它们两者的优点，流水施工是一种先进的、科学的施工组织方式，其显著的技术、经济效果，可以归纳为以下几点：

1. 施工工期短，能早日发挥基本建设投资效益

流水施工能够合理地、充分地利用施工工作面，加快工程进度，从而有利于缩短工期，可使拟建工程项目尽早竣工，交付使用或投产，发挥工程效益和社会效益。

2. 提高工人的技术水平，提高劳动生产率

流水施工使施工队组实现了专业化生产。工人连续作业，操作熟练，有利于不断改进操作方法和机具，有利于技术革新和技术革命，从而使工人的技术水平和生产率不断提高。

3. 提高工程质量，延长建筑安装产品的使用寿命

由于实现了专业化生产，工人技术水平高，各专业队之间搭接作业，互相监督，可提

高工程质量，延长使用寿命，减少使用过程中的维修费用。

4. 有利于机械设备的充分利用和提高劳动力和生产效率

各专业队组按预定时间完成各个施工段上的任务。施工组织合理，没有频繁调动的窝工现象。在有节奏的、连续的流水施工中，施工机械和劳动力的生产效率都得以充分发挥。

5. 降低工程成本，提高经济效益

流水施工资源消耗均衡，便于组织供应，储存合理、利用充分，减少不必要的损耗，减少高峰期的人数，减少临时设施费和施工管理费。降低工程成本，提高施工企业的经济效益。

三、组织流水施工的条件与步骤

（一）组织流水施工的条件

1. 划分分部分项工程

首先将拟建工程，根据工程特点及施工要求，划分为若干个分部工程；其次按照工艺要求、工程量大小和施工队组的情况，将各分部工程划分为若干个施工过程（即分项工程）。

2. 划分工程量（或劳动量）相等或大致相等的若干个施工空间（区段）

根据组织流水施工的需要，将拟建工程在平面上或空间上，划分为工程量大致相等的若干个施工段。

3. 各个施工过程组织独立的施工队组进行施工

在一个流水施工中，每个施工过程尽可能组织独立的施工队组，其形式可以是专业队组，也可以是混合队组。这样可使每个施工队组按施工顺序，依次地、连续地、均衡地从一个施工段转移到另一个施工段进行相同的操作。

4. 安排主要施工过程进行连续、均衡地施工

对工程量较大、施工时间较长的施工过程，必须组织连续、均衡施工；对其他次要施工过程，可考虑与相邻的施工过程合并。如不能合并，为缩短工期，可安排间断施工。

5. 不同的施工过程按施工工艺要求，尽可能组织平行搭接施工。

根据施工顺序，不同的施工过程，在有工作面的条件下，除必要的技术和组织间歇时间外，应尽可能组织平行搭接施工。

（二）组织流水施工步骤

(1) 选择流水施工的工程对象，划分施工段；

(2) 划分施工过程，组建专业队组；

(3) 确定安装工程的先后顺序；

(4) 计算流水施工参数；

(5) 绘制施工进度图表。

四、流水施工的分级和表达形式

（一）流水施工的分级

根据流水施工的组织范围划分，流水施工通常可分为：

1. 分项工程流水施工

分项工程流水施工也称为细部流水施工。它是指组织一个施工过程的流水施工，是组

织工程流水施工中范围最小的流水施工。

2. 分部工程流水施工

分部工程流水施工也称为专业流水施工。它是一个分部工程内各施工过程流水的工艺组合,是组织单位工程流水施工的基础。

3. 单位工程流水施工

单位工程流水施工也称为综合流水施工,它是分部工程流水的扩大的组合,是建立在分部工程流水的基础上的。

4. 群体工程流水施工

群体工程流水施工也称为大流水施工,它是单位工程流水施工的扩大,是建立在单位工程流水施工的基础之上。

(二) 流水施工的表达形式

1. 横道图

流水施工常用横道图表示,如图4-4所示。其左边列出各施工过程的名称及班组人数,右边用水平线段在时间坐标下画出施工进度。

2. 斜线图

图4-5所示为图4-4所示流水施工的斜线图表达形式,这与横道图表达的内容是一致的。在斜线图中,左边列出各施工段,右边用斜线在时间坐标下画出施工进度,每条斜线表示一个施工过程。

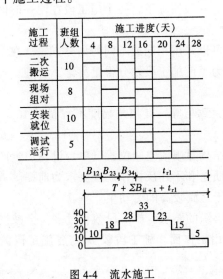

图4-4 流水施工

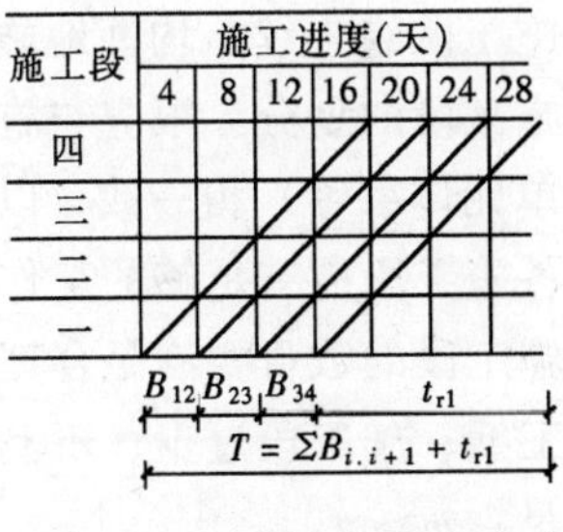

图4-5 流水施工斜线图

3. 网络图

网络图的表达方式,详见第五章。

第二节 流水施工的基本参数

流水施工是在研究工程特点和施工条件的基础上,通过一系列的参数的计算来实现的。流水施工的主要参数,按其性质不同,可以分为空间参数、工艺参数和时间参数三种。

一、空间参数

空间参数就是以表达流水施工在空间布置上所处状态的参数。空间参数主要有施工段和工作面两种。

（一）工作面 A（工作前线 L）

工作面是指供给专业工人或机械进行作业的活动空间，也称为工作前线。根据施工过程不同，它可以用不同的计量单位表示。例如管、线安装按延长米（m）计量，机电设备安装按平方米（m^2）等计量。施工对象工作面的大小，表明安置作业的人数或机械台数的多少。每个作业的人或每台机械所需工作面的大小是根据相应工种单位时间内的产量定额、建筑安装操作规程和安全规程等的要求来确定的。通常前一施工过程结束，就为后一施工过程提供了工作面。工作面确定的合理与否，将直接影响到专业队组的生产效率。因此，必须满足其合理工作面的规定。有关工种的工作面参见《建筑施工手册》。

（二）施工段 m

在组织流水施工时，通常把施工对象在平面上或空间上划分成若干个劳动量大致相等的区段，称为施工段。一般用 m 表示施工段的数目。

划分施工段的目的是为了组织流水施工。在保证工程质量的前提下，为专业工作队确定合理的空间或平面活动范围，使其按流水施工的原理，集中人力、物力、迅速地、依次地、连续地完成各施工段的任务，为相邻专业工作队尽早地提供工作面，达到缩短工期的目的。避免出现等待、停歇现象，互不干扰。一般情况下，一个施工段在同一时间内，只能容纳一个专业班组施工。

施工段的划分，在不同的分部工程中，可以采用相同或不同的划分方法。在一般情况下，同一分部工程中，最好采用统一段数。为了使施工段划分得更科学、合理，通常应遵循以下原则：

（1）各施工段的工程量（或劳动量）要大致相等，其相差幅度不宜超过 10%~15%，以保证各施工队组连续、均衡地施工。

（2）施工段的划分界限应与施工对象的结构界限或空间位置（单台设备、生产线、车间、管线单元体系等）相一致，以保证施工质量和不违反操作规程要求为前提。

（3）各施工段应有足够的工作面，以利于达到较高的劳动生产率。

（4）施工段的数目要满足合理流水施工组织的要求。施工段数目过多，会减慢施工速度，延长工期；施工段过少，不利于充分利用工作面。施工段数 m 与各施工段的施工过程数 n 满足：$m \geq n$。

二、工艺参数

工艺参数是指在组织流水施工时，用以表达流水施工在施工工艺上开展顺序及其特征的参数；也就是将拟建工程项目的整个建造过程分解为施工过程的种类、性质和数目的总称。通常，工艺参数包括施工过程数和流水强度两种。

（一）施工过程数 n

施工过程是对建筑安装施工从开工到竣工整个建造过程的统称。组织流水施工时，首先应将施工对象划分为若干个施工过程。施工过程所包含的施工内容可繁可简。可以是单项工程、单位工程，也可以是分部工程、分项工程。在指导单位工程流水施工时，一般施

工过程指分项工程,其名称和工作内容与现行的有关定额相一致。施工过程划分的数目多少、粗细程度一般与下列因素有关:

1. 施工进度计划的性质和作用

对工程施工控制性计划、长期计划,其施工过程划分粗些,综合性大些,一般划分至单位工程或分部工程。对中小型单位工程进度计划、短期计划,其施工过程可划分得细些、具体些。例如:安装一台设备可作为一个施工过程,也可以划分为二次搬运、现场组装、安装就位和调试运行四个施工过程。其中二次搬运还可以分成搬运机械设备、仓库检验、吊装、平面运输、卸车等施工过程。

2. 施工方案及工程结构

施工方案及工程结构的不同,施工过程的划分也不同。如安装高塔设备,采用空中组对焊接或地面组焊整体吊装的施工方法不同,施工过程的先后顺序、数目和内容也不同。

3. 劳动组织及劳动量大小

施工过程的划分与施工队组及施工习惯有关。如除锈、刷漆施工,可合也可分,因有些班组是混合班组,有些班组是单一工种班组,凡是同一时期由同一施工队进行施工的施工过程可能合并在一起,否则就应分列。如设备的二次搬运,虽有几个施工过程,但都在同一时期,并且都由起重、搬运队组来进行的,就可以合并为一个施工过程。进行塔罐设备的现场组对,如果涉及到焊接、保温、油漆等施工过程,而这些施工过程分别由不同的施工队组来完成时,应该把这些施工过程分别列出,以便在施工组织中真实地反映这些专业队组之间的搭接关系。施工过程的划分还与劳动量的大小有关。劳动量小的施工过程,组织流水施工有困难,可与其他施工过程合并。这样可使各个施工过程的劳动量大致相等,便于组织流水施工。

4. 劳动内容和范围

施工过程的划分与其劳动内容和范围有关。如直接在施工现场的工程对象上进行的劳动过程,可以划入流水施工过程,如安装砌筑类施工过程;而场外劳动内容,如预制加工、运输等,可以不划入流水施工过程。一般小型设备安装,施工过程 n 可限 5 个左右,没有必要把施工过程分得太细、太多,给计算增添麻烦,使施工班组不便组织;也不能太少、过粗,那样将过于笼统,失去指导作用。施工过程数 n 与施工段数 m 是互相联系的,也是相互制约的,决定时应统筹考虑。

(二) 流水强度

流水强度又称流水能力与生产能力。它表示某一施工过程在单位时间内所完成的工程量。它主要与选择的机械或参加作业的人数有关。

1. 机械施工过程的流水强度

$$V_i = \sum_{j=1}^{x} R_{ij} \cdot S_{ij} (i = 1,2,3,\cdots,n) \tag{4-3}$$

式中 R_{ij}——投入施工过程 i 的某种施工机械台数;

S_{ij}——投入施工过程 i 的某种施工机械产量定额;

x——投入施工过程 i 的施工机械种类数。

2. 人工施工过程的流水强度

$$V_i = R_i \cdot S_i \tag{4-4}$$

式中　　R_i——投入施工过程 i 的专业工作队工人数（应小于工作面上允许容纳的最多人数）；

S_i——投入施工过程 i 的专业工作队平均产量定额（每个工人每班产量定额）。

已知施工过程的工程量和流水强度就可以计算施工过程的持续时间；或者已知施工过程的工程量和计划完成的时间，就可以计算出流水强度，为参加流水施工的施工队组装备施工机械和配备工人人数提供依据。

【例1】　某安装工程，有运输工程量 27200t·km。施工组织时，按四个施工段组织流水施工，每个施工段的运输工程量大致相等。使用解放牌汽车、黄河牌汽车和平板拖车10天内完成每一施工段上的二次搬运任务。已知解放牌汽车、黄河牌汽车及平板拖车的台班生产率分别为 $S_1 = 40t \cdot km$，$S_2 = 64t \cdot km$，$S_3 = 240t \cdot km$，并已知该施工单位有黄河牌汽车5台、平板拖车1台可用于施工，问尚需解放牌汽车多少台？

【解】　因为此工程划分为四个施工段组织流水施工，每一段上的运输工程量为：

$$Q = 27200/4 = 6800 t \cdot km$$

流水强度为
$$V = 6800/10 = 680 \ t \cdot km/d$$

设需要用解放牌汽车 R_1 台，则：

$$V_i = \sum_{i=1}^{x} R_i \cdot S_i = R_1 \cdot S_1 + R_2 \cdot S_2 + R_3 \cdot S_3$$
$$680 = R_1 \times 40 + 5 \times 64 + 1 \times 240$$
$$R_1 = 3 \ 台$$

所以，根据以上施工组织，该施工单位尚需配备3台解放牌汽车。

三、时间参数

时间参数是流水施工中反映施工过程在时间排列上所处状态的参数，一般有流水节拍、流水步距、平行搭接时间、工艺间歇时间、组织间歇时间和工期等。

1. 流水节拍

流水节拍是指从事某一施工过程的施工班组在一个施工段上完成施工任务所需的时间，用符号 K_i 来表示（$i = 1, 2, \cdots, n$）。流水节拍的大小直接关系着投入劳动力、机械和材料的多少，决定着施工速度和节奏。因此，合理确定流水节拍，对组织流水施工具有十分重要的意义。

(1) 影响流水节拍的大小的主要因素：

1) 任何施工，对操作人数组合都有一定限制。流水节拍大时，所需专业队（组）人数要少，但操作人数不能小于工序组合的最少人数。

2) 每个施工段为各施工过程提供的工作面是有限的。当流水节拍小时，所需专业队（组）人数要多，而专业队组的人数多少是受工作面限制的，所以流水节拍确定，要考虑各专业队组有一定操作面，以便充分发挥专业队组的劳动效率。

3) 在建筑安装工程中，有些施工工艺受技术与组织间歇时间的限制。如混凝土、砂浆层施工需要养护，增加强度所需停顿时间，称为技术间歇时间。再如室外地沟挖土和管道安装，放线、测量所需停顿的时间，称为组织间歇时间。因此，流水节拍的长短与技术、组织间歇时间有关。

4) 材料、构件的储存与供应，施工机械的运输与起重能力等，均对流水节拍有影响。

5) 确定一个分部工程各施工过程的流水节拍时,首先应考虑主要的、工程量大的施工过程的节拍,其次确定其他施工过程的节拍值。

6) 节拍一般取整数,必要时可保留0.5天的(台班)的小数值。

总之,确定流水节拍是一项复杂工作,它与施工段数、专业队数、工期时间等因素有关,在这些因素中,应全面综合、权衡,以解决主要矛盾为中心,力求确定一个较为合理的流水节拍。

(2) 流水节拍的计算方法:

$$K_i = P_i / (R_i \cdot b) = Q_i / (S_i \cdot R_i \cdot b) \tag{4-5}$$

或

$$K_i = P_i / (R_i \cdot b) = Q_i \cdot H_i / (R_i \cdot b) \tag{4-6}$$

式中 K_i——某施工过程的流水节拍;
P_i——在一个施工阶段上完成某施工过程所需的劳动量(工日数)或机械台班量(台班数);
R_i——某施工过程的施工班组人数或机械台数;
b——每天工作班数;
Q_i——某施工过程在某施工段上的工程量;
S_i——某施工过程的每工日(或每台班)产量定额;
H_i——某施工过程采用的时间定额。

式(4-5)、式(4-6)是根据工地现有施工班组人数或机械台数以及能够达到的定额水平来确定流水节拍的,在工期规定的情况下,也可以根据工期要求先确定流水节拍,然后应用式(4-5)和式(4-6)求出所需的施工班组人数或机械台数。显然,在一个施工段上工程量不变的情况下,流水节拍越小,则所需施工班组人数和机械台数就越多。

在确定施工队班组人数或机械台数时,必须检查劳动力、机械和材料供应的可能性,必须核实工作面是否足够等。如果工期紧,大型施工机械或工作面受限时,就应考虑增加工作班次。即由一班工作改为两班或三班工作,以解决机械和工作面的有效利用问题。

2. 流水步距

流水步距是指两个相邻的施工过程(或施工队组)先后进入同一施工段施工的时间间隔。一般以 $B_{i,i+1}$ 表示。它是流水施工的基本参数之一,流水步距的大小,对工期有着较大的影响。在施工段不变的条件下,流水步距越大,工期越长;流水步距越小,工期越短。流水步距与前后两个相邻施工段的流水节拍的大小、施工工艺技术要求、是否有工艺和组织间歇时间、施工段数、流水施工组织方式等有关。确定流水步距的原则如下:

(1) 流水步距要满足相邻两个专业工作队在施工顺序上的相互制约关系;
(2) 流水步距要保证各个专业工作队能连续施工;
(3) 流水步距要保证相邻两个专业工作队在开工时间上最大限度地、合理地搭接;
(4) 流水步距的确定要保证工程质量,满足安全生产。

确定流水步距的方法如下:

(1) 根据专业工作队在各施工段上的流水节拍,求累加数列;
(2) 根据施工顺序,对所求相邻的两累加数列,错位相减;

(3) 根据错位相减的结果，确定相邻专业工作队之间的流水步距，即相减结果中数值最大者。

【例2】 某项目由四个施工过程组成，分别由四个专业工作队完成，在平面上划分成四个施工段，每个专业工作队在各施工段上的流水节拍如表4-1所示。试确定相邻专业工作队之间的流水步距。

各施工段上的流水节拍 表4-1

工作队\施工段	①	②	③	④	工作队\施工段	①	②	③	④
A	4	2	3	2	C	3	2	2	3
B	3	4	3	4	D	2	2	1	2

【解】
(1) 求各专业工作队的累加数列

A：4, 6, 9, 11
B：3, 7, 10, 14
C：3, 5, 7, 10
D：2, 4, 5, 7

(2) 错位相减：

A 与 B：

$$\begin{array}{r} 4,\ 6,\ 9,\ 11 \\ -) 3,\ 7,\ 10,\ 14 \\ \hline 4,\ 3,\ 2,\ 1,\ -14 \end{array}$$

B 与 C：

$$\begin{array}{r} 3,\ 7,\ 10,\ 14 \\ -) 3,\ 5,\ 7,\ 10 \\ \hline 3,\ 4,\ 5,\ 7,\ -10 \end{array}$$

C 与 D：

$$\begin{array}{r} 3,\ 5,\ 7,\ 10 \\ -) 2,\ 4,\ 5,\ 7 \\ \hline 3,\ 3,\ 3,\ 5,\ -7 \end{array}$$

(3) 求流水步距：

因流水步距等于错位相减所得结果中数值最大者，故有

$K_{A,B} = \max\{4, 3, 2, 1, -14\} = 4$ 天

$K_{B,C} = \max\{3, 4, 5, 7, -10\} = 7$ 天

$K_{C,D} = \max\{3, 3, 3, 5, -17\} = 5$ 天

3. 平行搭接时间

在组织流水施工时，有时为了缩短工期，在工作面允许的条件下，如果前一个专业工作队完成部分施工任务后，能够提前为后一个专业工作队提供工作面，使后者提前进入前一个施工段，两者在同一施工段上平行搭接施工，这个搭接的时间称为平行搭接时间，通常用 $C_{i,i+1}$ 表示。

4. 工艺间歇时间

工艺间歇时间是指流水施工中某些施工过程完成后需要有合理的工艺间歇（等待）时间。工艺间歇时间与材料的性质和施工方法有关。如设备基础，在浇筑混凝土后，必须经过一定的养护时间，使基础达到一定强度后才能进行设备安装；又如设备涂刷底漆后，必须经过一定的干燥时间，才能涂面漆等。工艺间歇时间通常用 $G_{i,i+1}$ 表示。

5. 组织间歇时间

组织间歇时间是指流水施工中某些施工过程完成后要有必要的检查验收或施工过程准备时间。如一些隐蔽工程的检查、焊缝检验等。通常用 $Z_{i,i+1}$ 表示。

工艺间歇时间和组织间歇时间，在流水施工设计时，可以分别考虑，也可以一并考虑，或考虑在流水节拍及流水步距之中，但它们是不同的概念，其内容和作用也是不一样的，灵活运用工艺间歇时间和组织间歇时间，对简化流水施工组织有特殊的作用。

6. 工期

工期是指完成一项工程任务或一个流水组施工所需的时间。一般用下式计算：

$$T = \sum B_{i,i+1} + t_n + \sum G_{i,i+1} + \sum Z_{i,i+1} - \sum C_{i,i+1} \tag{4-7}$$

式中　　T——流水施工工期；

$\sum B_{i,i+1}$——流水施工中各流水步距的总和；

t_n——最后一个施工过程在各个施工段上持续时间的总和，$t_n = K_{n1} + K_{n2} + \cdots K_{nm}$，$m$ 为施工段数；

$\sum C_{i,i+1}$——流水施工中所有平行搭接时间的总和；

$\sum G_{i,i+1}$——流水施工中所有工艺间歇时间的总和；

$\sum Z_{i,i+1}$——流水施工中所有组织间歇时间的总和。

第三节　流水施工组织及计算

在流水施工中，流水节拍的规律不同，流水施工的步距、施工工期的计算方法也不同，有时甚至影响各个施工过程成立专业队组的数目。流水施工中要求有一定的节拍，才能步调和谐，配合得当。流水施工的节奏是由流水节拍所决定的。由于安装工程的多样性，各分部分项工程量差异较大，要使所有的流水施工都组织统一的流水节拍是很困难的。在多数情况下，各施工过程的流水节拍不一定相等，甚至一个施工过程本身在各施工段上的流水节拍也不相等，因此形成了不同节奏特征的流水施工。

在节奏性流水施工中，根据各施工过程之间流水节拍的特征不同，流水施工可以分为固定节拍流水施工、成倍节拍流水施工和分别流水施工三种组织方式。

一、固定节拍流水施工

固定节拍流水施工是指各个施工过程在各施工段上的流水节拍全部相等的一种流水施

工，也称全等节拍流水施工。它用于各种建筑安装工程的施工组织，特别是安装多台相同设备或管、线施工时，用这种组织施工效果较好。

（一）流水特征

(1) 各施工过程的流水节拍相等：如果有 $i = 1, 2, 3, \cdots, n$ 个施工过程，在 $j = 1, 2, 3, \cdots, m$ 个施工段上开展流水施工，则：

$$K_{11} = K_{12} = \cdots = K_{ij} = K_{nm} = K \tag{4-8}$$

式中　K_{11}——第1个施工过程在第1个施工段上的流水节拍；

　　　K_{12}——第1个施工过程在第2个施工段上的流水节拍；

　　　K_{ij}——第 i 个施工过程在第 j 个施工段上的流水节拍；

　　　K_{nm}——第 n 个施工过程在第 m 个施工段上的流水节拍；

　　　K——常数。

(2) 流水步距相等：由于各施工过程流水节拍相等，相邻两个施工过程的流水步距就等于一个流水节拍。即：

$$B_{1,2} = B_{2,3} = \cdots = B_{i,i+1} = B_{n-1,n} = K \tag{4-9}$$

(3) 施工专业队组数等于施工过程数，即每一个施工过程成立一个专业队组，完成所有施工段的施工任务。

(4) 各施工过程的施工速度相等。

(5) 施工队组连续作业，施工段没有闲置。

（二）固定流水节拍主要参数的确定

1. 施工段数 m

(1) 无层间关系或无施工层时，宜取 $m = n$；

(2) 有层间关系或有施工层时，施工段数 m 分下面列两种情况确定：

1) 无技术和组织间歇时，宜取 $m = n$；

2) 有技术和组织间歇时，为了保证各专业施工队组能连续施工，应取 $m \geq n$。

2. 流水施工的工期

(1) 不分施工层时：

因为　　　　　　$\sum B_{i,i+1} = (n-1)K, \ t_n = mK$ 　　　　　　(4-10)

所以　　$T = \sum B_{i,i+1} + t_n + \sum Z_{i,i+1} + \sum G_{i,i+1} - \sum C_{i,i-1}$

　　　　　$= (m + n - 1) \cdot K + \sum Z_{i,i+1} + \sum G_{i,i+1} - \sum C_{i,i-1}$

(2) 分施工层时：

$$T = (m \cdot r + n - 1) \cdot K + \sum Z_1 + \sum G_1 - \sum C_1 \tag{4-11}$$

式中　r——施工层数；

　　　$\sum Z_1$——第一个施工层中各施工过程的组织间歇时间之和；

　　　$\sum G_1$——第一个施工层中各施工过程的工艺间歇时间之和；

　　　$\sum C_1$——第一个施工层中各施工过程间的搭接时间之和。

（三）固定节拍流水施工的组织步骤

(1) 确定施工顺序，分解施工过程。

(2) 确定项目施工起点流向，划分施工段。

(3) 根据固定节拍流水施工要求,按式(4-10)计算流水节拍数值。

(4) 确定流水步距 $B = K$。

(5) 计算流水施工的工期。

(6) 绘制流水施工进度表。

(四) 固定节拍流水施工组织示例

【例3】 无组织和工艺间歇时间的固定节拍流水施工组织:

某分部工程由四个分项工程组成,划分成五个施工段,流水节拍均为4天,无技术、组织间歇时间,试确定流水步距,计算工期,并绘制流水施工进度表。

【解】 由已知条件可知 $K = 4$,$m = 5$,$n = 4$,可得

$$T = (m + n - 1) \cdot K = (5 + 4 - 1) \times 4 = 32 \text{ 天}$$

若已知工期 T,施工过程数 n,施工段数 m,则固定节拍流水施工的流水节拍可用下式计算:$K = T / (m + n - 1)$

【例4】 有组织和工艺间歇时间的固定节拍流水施工组织:

某设备安装工程划分为六个流水段组织流水施工。各施工过程在各流水段上的持续时间及组织间歇时间以及工艺间歇时间如表 4-2 所示。

表 4-2

序号	施工过程	班组人数	持续时间(h)	备注	序号	施工过程	班组人数	持续时间(h)	备注
1	二次搬运	12	4		4	管线施工	10	4	
2	焊接组装	10	4	焊接检验2天	5	调整试车	8	4	
3	吊装作业	12	4	工艺间歇2天					

【解】 由已知条件可知,该施工对象可组织固定节拍流水施工。流水施工参数为:

$m = 6$,$n = 5$,$K = 4$,$\sum G = 2$,$\sum Z = 2$,流水施工工期可按式(4-10)计算:

$$T = (m = n - 1) \cdot K + \sum G + \sum Z = (6 + 5 - 1) \times 4 + 2 + 2 = 44 \text{ 天}$$

如果满足工期要求,可绘制出该工程流水施工进度图表,如图 4-6 所示。

二、成倍节拍流水施工

在进行固定节拍流水施工时,有时由于各施工过程性质、复杂程度不同,将其组织成固定节拍流水施工方式,通常很难做到。由于施工对象的客观原因,往往会遇到各施工过程在各施工段上的工程量不等或工作面差别较大,而出现持续时间不能相等的情况。此时,为了使各施工队组在各施工段上能连续地、均衡地开展施工,在可能的条件下,应尽量使各施工过程的流水节拍互成倍数,而组成成倍节拍流水施工。成倍节拍流水施

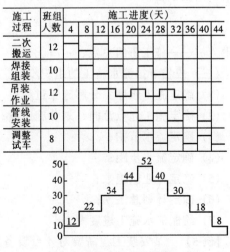

图 4-6 固定节拍流水施工

工适用于安装大小不同的设备或在大小不同的场地上开展施工活动的流水施工组织。

（一）流水特征

（1）流水节拍不等，但互成倍数；

（2）流水步距相等，并等于流水节拍的最大公约数；

（3）施工专业队组数 n' 大于施工过程数 n；

（4）各施工过程的流水速度相等；

（5）专业队组能连续工作，施工段没有闲置。

（二）成倍节拍流水施工示例

成倍节拍流水施工的组织方式：

（1）根据工程对象和施工要求，划分若干个施工过程；

（2）根据各施工过程的内容、要求及其劳动量，计算每个施工过程在每个施工段上的劳动量；

（3）根据施工班组人数及组成确定劳动量最少的施工过程的流水节拍；

（4）确定其他劳动量较大的施工过程的流水节拍，用调整班组人数或其他技术组织措施的方法，使它们的节拍值分别等于最小节拍值的整倍数。

为充分利用工作面，加快施工进度，流水节拍大的施工过程应相应增加班组数，每个施工过程所需班组数可由式 4-12 确定：

$$n_i = K_i / K_{\min} \tag{4-12}$$

式中　n_i——某施工过程所需施工班组数；

　　　K_i——某施工过程的流水节拍；

　　　$K_{\min}$——所有施工过程中的最小流水节拍。

对于成倍节拍流水施工，任何两个相邻班组间的流水步距，均等于所有流水节拍中的最小流水节拍，即：

$$B_{i,i+1} = K_{\min} \tag{4-13}$$

成倍节拍流水施工的工期可按下式计算：

$$T = (m + n' - 1) \cdot K_{\min} \tag{4-14}$$

式中　n'——施工班组总数，$n' = \sum n_i$。

（三）成倍节拍流水施工的组织步骤

（1）确定施工顺序，分解施工过程；

（2）确定施工起点流向，划分施工段；

（3）确定流水节拍；

（4）确定流水步距；

（5）确定专业队组数；

（6）确定计划总工期；

（7）绘制流水施工进度图表。

【例5】某安装工程需要对4台设备进行安装，其工程量和复杂程度各不相同，各综合施工过程的持续时间（流水节拍）如表 4-3 所示。试组织成倍节拍流水施工。

表 4-3

施工过程	A	B	C	D
流水节拍（天）	$K_1 = 4$	$K_2 = 8$	$K_3 = 8$	$K_4 = 4$

【解】 因 $K_{\min} = 4$

则 $n_1 = K_1/K_{\min} = 4/4 = 1$ 个

$n_2 = K_2/K_{\min} = 8/4 = 2$ 个

$n_3 = K_3/K_{\min} = 8/4 = 2$ 个

$n_4 = K_4/K_{\min} = 4/4 = 1$ 个

施工班组总数为：

$$n' = \sum n_i = 1 + 2 + 2 + 1 = 6 \text{ 个}$$

流水步距为：

$$B' = K_{\min} = 4$$

工期为： $T = (m + n' - 1) K_{\min} = (4 + 6 - 1) \times 4 = 36$ 天

根据所确定的流水参数绘制施工进度计划，如图 4-7 所示。

(四) 成倍节拍流水施工的其他组织方式

有时由于各施工过程之间的工程量相差很大，各施工队组的施工人数又有所不同，使不同施工过程在各施工段上的流水节拍无规律。

1. 一般流水组织方式

一般节拍流水是指同一施工过程在各个施工段上的流水节拍相等，不同施工过程之间流水节拍既不相等也不成倍数的流水施工方式。

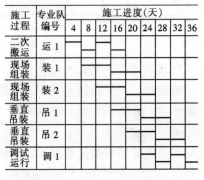

图 4-7 成倍节拍流水施工

(1) 一般流水施工的主要特点：

1) 同一施工过程在各个施工段上的流水节拍相等，不同施工过程之间的流水节拍不全相等；

2) 在多数情况下，流水步距彼此不相等而且流水步距与流水节拍二者之间存在着某种函数关系；

3) 专业队组数等于施工过程数。

(2) 一般流水施工主要参数的确定：

流水步距 $B_{i,i+1} = \begin{cases} K_i & \text{当 } K_i \leq K_{i+1} \text{时} \\ mK_i - (m-1)K_{i+1} & \text{当 } K_i > K_{i+1} \text{时} \end{cases}$ (4-15)

(3) 一般流水施工组织步骤：

1) 确定施工顺序，分解施工过程；

2) 确定施工起点流向，划分施工段；

3) 确定流水节拍；

4) 确定流水步距；

5) 确定计划总工期；

6) 绘制流水施工进度图表。

【例6】 有6台规格、型号相同的设备需要安装,每台设备可以划分为二次搬运、现场组对、安装就位和调试运行四个施工过程。其节拍各自相等,分别为 $K_1 = 1$、$K_2 = 3$、$K_3 = 2$、$K_4 = 1$,若采用流水施工组织施工,试计算其流水步距及工期,并绘制施工进度计划。

【解】 由一般流水组织方式的计算公式可得:

$$B_{1,2} = K_1 = 1$$

$$B_{2,3} = mK_2 - (m-1)K_3 = 6 \times 3 - 5 \times 2 = 8$$

$$B_{3,4} = mK_3 - (m-1)K_4 = 6 \times 2 - 5 \times 1 = 7$$

$$T = \sum B_{i,i+1} + t_n = 1 + 8 + 7 + 1 \times 6 = 22 \text{ 天}$$

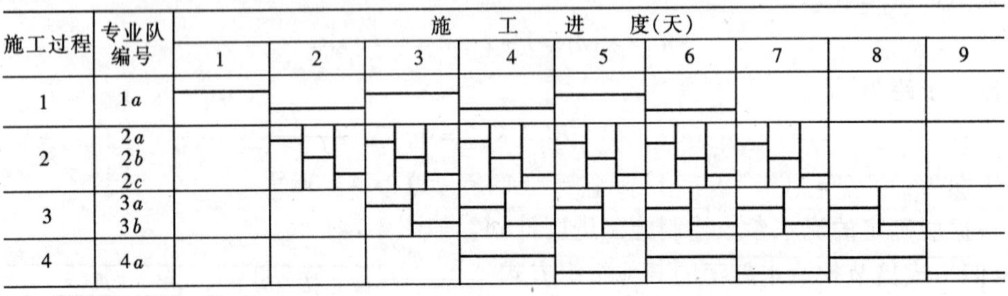

图 4-8 增加专业队组加班流水施工

2. 增加专业队组加班流水组织方式

按上例,若工期要求紧,采用增加工作班次,将第2个施工过程用3个专业队组进行三班作业;将第3个施工过程用2个专业队组进行两班作业。其施工进度计划图表如图4-8所示。总工期为9天。

若采用成倍节拍流水施工,其施工进度计划如图4-9所示,总工期为12天。

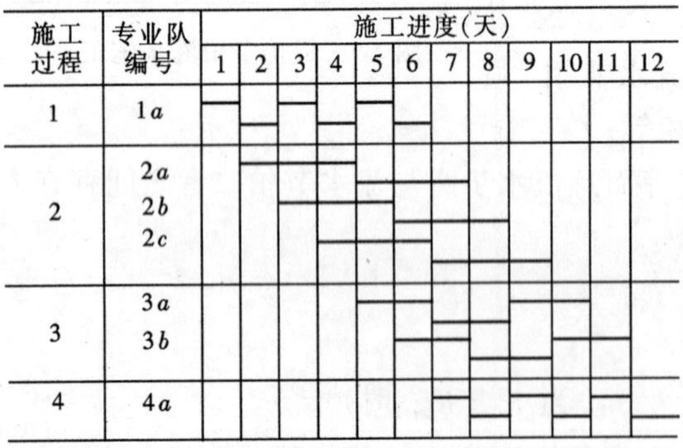

图 4-9 成倍节拍流水施工

三、分别流水施工

分别流水施工是指流水节拍无节奏的流水施工组织方式,是指同一施工过程在各施工段上的流水节拍不完全相等的一种流水施工方式,它是流水施工的普遍形式。

在实际工作中,有节奏流水,尤其是等节拍流水施工和成倍节拍流水施工往往是难以组织的,而无节奏流水则是常见的,组织无节奏流水的基本要求即保证各施工过程的工艺顺序合理和各施工班组尽可能依次在各施工段上连续施工。

(一)分别流水施工的流水特征

(1)各施工过程在各施工段上的流水节拍不尽相等,也无统一规律;

(2)各施工过程的施工速度也不尽相等,因此,两个相邻施工过程的流水步距也不尽相等,流水步距与流水节拍的大小与相邻施工过程相应施工段节拍差有关;

(3)施工专业队组数等于流水施工过程数,即:$n_1 = n$;

(4) 施工专业队组连续施工，施工段可能有闲置。

(二) 分别流水施工主要参数的确定

1. 流水步距 $B_{i,i+1}$

可采用"累加数列法"的计算方法确定。

2. 工期 T

$$T = \sum B_{i,i+1} + t_n + \sum G_{i,i+1} + \sum Z_{i,i+1} - \sum C_{i,i+1}$$

3. 分别流水施工的组织步骤

(1) 确定施工顺序，分解施工过程；
(2) 确定施工起点流向，划分施工段；
(3) 按相应的公式计算各施工过程在各个施工段上的流水节拍；
(4) 确定相邻两专业队组之间的流水步距；
(5) 确定计划总工期；
(6) 绘制流水施工进度图表。

【例7】 某工程有 A、B、C 等三个施工过程，施工时在平面上切划分成四个施工段，每个施工过程在各个施工段上的流水节拍如表4-4所示，试计算流水步距和工期，绘制流水施工进度图表。

表 4-4

施工过程\施工段	Ⅰ	Ⅱ	Ⅲ	Ⅳ	施工过程\施工段	Ⅰ	Ⅱ	Ⅲ	Ⅳ
A	2	4	3	2	C	4	2	3	2
B	3	3	2						

【解】 1. 流水步距计算

采用累加数列法进行计算如下：

(1) 求 $B_{A,B}$

$$\begin{array}{r} 2,\ 6,\ 9,\ 11 \\ -)\ \ 3,\ 6,\ 8,\ 10 \\ \hline 3,\ 3,\ 3,\ -10 \end{array}$$

故，$B_{A,B} = 3$ 天

(2) 求 $B_{B,C}$

$$\begin{array}{r} 3,\ 6,\ 8,\ 10 \\ 4,\ 6,\ 9,\ 11 \\ \hline 3,\ 2,\ 2,\ 1,\ -11 \end{array}$$

故，$B_{B,C} = 3$ 天

2. 工期计算

$$T = \sum B_{i,i+1} + t_n + \sum Z_{i,i+1} - \sum C_{i,i+1} + \sum G_{i,i+1}$$

$$= 3+3+4+2+3+2$$
$$= 17 \text{ 天}$$

施工进度计划如图 4-10 所示。

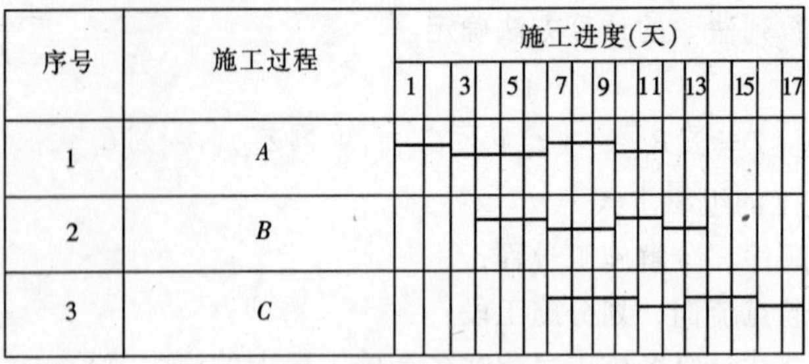

序号	施工过程	施工进度(天) 1 3 5 7 9 11 13 15 17
1	A	
2	B	
3	C	

图 4-10 分别流水施工

分别流水施工不像等节拍流水施工和成倍节拍流水施工那样有一定的时间约束，在进度安排上比较灵活自由，适用于各种不同结构性质和规模的工程施工组织，实际应用比较广泛。

在上述各种流水施工的基本方式中，固定节拍和成倍节拍流水通常在一个分部或分项工程中，组织流水施工比较容易做到，即比较适用于组织专业流水或细部流水。但对一个单位工程，特别是一个大型的建筑群来说，要求所划分的各分部、分项工程都采用相同的流水参数组织流水施工，往往十分困难，也不容易做到。

因此，到底采用哪一种流水施工的组织方式，除要分析流水节拍的特点外，还要考虑工期要求和项目经理部自身的具体施工条件。

任何一种流水施工的组织形式，仅仅是一种组织管理手段，其最终目的是要实现企业目标——工程质量好、工期短、成本低、效益高和安全施工。

本 章 小 结

本章介绍了对建筑安装工程中众多的施工过程进行合理地组织安排、保证施工过程顺利进行的三种施工方法：依次施工、平行施工和流水施工，其中流水施工是本章的重点，也是本章的难点。在对本章内容学习的过程当中，应了解依次施工和平行施工的方法；重点掌握流水施工的原理、参数的计算以及组织方式和组织步骤。

复 习 思 考 题

1. 组织建筑安装施工有哪些方式？各自有何优缺点？
2. 组织流水施工应具备哪些条件？试述流水施工的优缺点？
3. 施工段划分的基本要求是什么？如何正确划分施工段？
4. 流水施工有哪些主要参数？
5. 流水施工按节拍特征不同可分为哪几种方式？各有什么特点？
6. 有 4 台同样的设备需要安装，每台设备可以划分为 A、B、C、D 四个施工过程，设 $K_A=2$、$K_B=3$、$K_C=2$、$K_D=4$，试分别计算依次施工、平行施工及流水施工的工期，并绘制出各自的施工进度计划。（各班组均为 10 人）

7. 已知某施工任务划分为五个施工过程,分五段组织流水施工,流水节拍均为3天,在第二个施工过程结束后有2天的技术间歇时间,试计算其工期并绘制施工进度计划。(各班组均为8人)

8. 有一工业管道安装工程,划分为四个施工过程,分五个施工段组织流水施工。每个施工过程在各段上的人数及持续时间为:挖土及垫层15人5天,砌基础12人10天,安装管道10人10天,盖板回填土15人5天。试分别按成倍节拍流水施工组织方式、一般流水施工组织方式计算流水施工工期,并绘制施工进度图表。

9. 根据表4-5所列各施工过程在施工段上的持续时间,计算流水步距和总工期,并绘制施工进度图表。

表 4-5

施工过程 施工段	一	二	三	四	施工过程 施工段	一	二	三	四
1	4	3	1	2	3	3	4	2	1
2	2	3	4	2	4	2	4	3	2

91

第五章 网络计划技术

第一节 概 述

随着生产的发展和科学技术的提高，自20世纪50年代以来，国外陆续出现了一些计划管理的新方法，其中最基本的是关键线路法（CPM）和计划评审技术（PERT）。由于这些方法都是建立在网络图的基础上的，因此统称为网络计划技术。20世纪60年代中期，著名数学家华罗庚教授将它引入我国，并结合我国当时的"统筹兼顾，适当安排"的具体情况，把它概括为统筹法。经过多年的实践与应用，得到了不断的推广和发展。

目前，网络计划技术在工业、农业、国防和科研等方面都得到了广泛的应用。在建筑和安装工程中也广泛采用网络计划技术编制建筑安装工程生产计划和施工进度计划。它对加强施工组织计划与管理、缩短工期、提高工效、降低成本等都具有十分重要的作用。

一、由横道图到网络图

前面已经介绍了用横道图编制施工进度计划和组织流水施工的方法。除此之外，工程上还有一种利用网络图编制施工计划的方法，简称网络计划法。由于两者计划的表达形式不同，其特点与作用也不相同。

横道图计划是结合时间坐标线，用一系列横道线分别表示各施工过程的施工起止时间及其先后顺序和作业持续时间。而网络图计划是由一系列"节点"（圆圈）和"箭杆"所组成的网状图形，来表示各施工过程的先后顺序的逻辑关系。

例如，某设备安装工程有3台同样设备需要安装，每台设备划分的施工过程如表5-1，用横道图表达形式如图5-1，用网络图表达形式如图5-2。

表 5-1

施 工 过 程	平 面 运 输	现 场 组 装	安 装 调 试
工作持续时间（天）	2	3	1

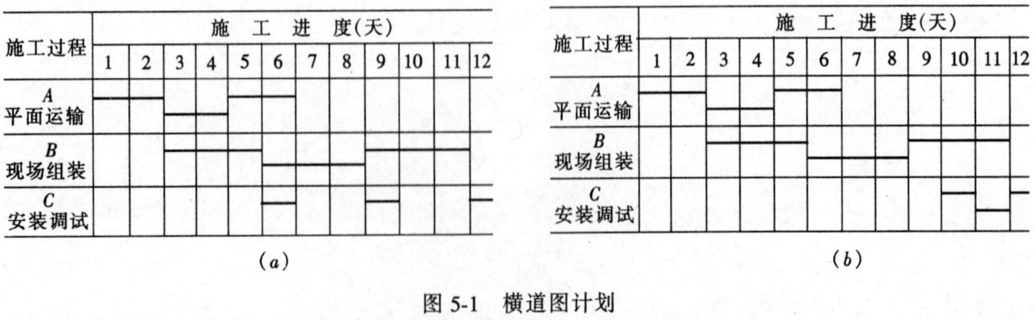

图 5-1 横道图计划
（a）部分施工过程间断施工；（b）各施工过程连续施工

(一) 横道图计划的优缺点

1. 横道图的优点

（1）横道图计划编制容易、简单，绘图方便，排列整齐有序，各施工过程进度形象直观、明了、易懂；

（2）横道图计划结合时间坐标，各施工过程（工作）的开始时间、作业持续时间、结束时间、相互搭接时间、工期以及流水施工的开展情况，都能一目了然，表示得清楚明白。

这种方法已为建筑安装企业的施工管理人员所熟悉和掌握，目前仍被广泛使用。但它还存在如下的缺点，使横道图计划只能用于简单工程，对于一项大而复杂的工程项目，需要与网络计划同时使用。

2. 横道图的缺点

（1）当计划较复杂时，不能反映各施工过程之间的相互制约、相互联系、相互依赖的逻辑关系；

（2）不能明确指出关键施工过程（工作），不能客观地突出重点；

（3）不能看出某些施工过程（工作）存在的机动时间，也不能指出计划安排的潜力大小，只能给出计划的结论，不能说明结论的优劣。

（4）不便利用计算机进行计算，不便对计划进行科学地调整和优化，计划效果和质量，仅取决于编制人员水平，对改进和加强施工管理不利。

(二) 网络计划的优缺点

20世纪50年代以来，随着工业生产的发展和计算机的使用，希望出现一种新的生产与管理方法来替代横道图（不适应复杂项目及发展需要）的组织管理方法。于是20世纪50年代中后期，在美国发展起来两种进度计划管理方法，即关键线路法（CPM）和计划评审技术（PERT），网络计划法就是由这两种方法发展而来的。它是编制工程进度计划的有效方法，并很快在世界各国的工业、农业、国防及科学研究计划中推广及应用。

网络图计划方法的基本原理是：首先应用网络图形来表达一项计划（或工程）中各项工作的开展顺序及其相互间的关系；然后通过计算机找出计划中的关键工作及关键线路；继而通过不断改进网络计划，寻求最优方案，并付诸实施；最后在执行过程中进行有效的控制和监督。

在建筑施工中，网络计划方法主要是用来编制工程项目施工的进度计划和建筑安装企业的生产计划，并通过对计划的优化、调整和控制，达到缩短工期、提高效率、节约劳力、降低消耗的项目施工目标。

从图5-2中可以看出，网络图计划同横道图相比，具有如下优点：

（1）使整个施工过程形成一个有机整体，能全面、明确地反映出各工作之间的相互依存、相互制约的逻辑关系；

（2）通过时间参数的计算，可反映出整个工程的全貌，指出对全局有影响的关键所在，分清各工作的主次关系，抓住主要矛盾，挖掘潜力，统筹安排、合理选用资源；

（3）有利于编制出切实可行的优质方案（工期—资源、工期—费用优化）；

（4）可利用计算机进行优化设计，实现计划管理科学化。

网络计划具有上述优点，因此它是一种科学的先进的计划方法，但是任何一种方法都

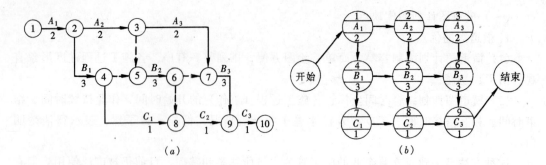

图 5-2 网络计划
(a) 双代号网络图；(b) 单代号网络图

不是十全十美的，它也存在着一定的缺点：表达计划不够直观，不易看懂，不能反映出流水施工的特点，不便统计、检查和调整资源等。

二、网络计划的表示方法

网络计划的表达形式是网络图，所谓网络图是指由箭线和节点组成的、用来表示工作流程的有向、有序的网状图形。当网络中注上相应的时间后，就成为网络图形式的进度计划。一般网络计划的网络图，按节点和箭线所代表的含义不同，可以分为双代号网络图和单代号网络图两种。

(一) 双代号网络图

以箭线和两端节点（圆圈）的编号来表示工作（或工序）的网络图称为双代号网络图。即用两个节点和一根箭线代表一项工作，每个节点都有编码，箭线前后两个节点的号码代表该箭线所表示的工作，因此称为"双代号"。其表示方法如下：工作名称标注在箭线上面，工作持续时间写在箭线下面，在箭线的衔接处画上节点编上号码，并以节点编号 i 和 j 代表一项工作名称，如图 5-3 所示。把每一个施工过程，按施工顺序和相互之间的逻辑关系，用若干个箭线和节点从左向右连起来就构成一项工程计划的网络图，这个网络图就能表达该工程的基本内容。现将图中三个基本要素的有关含义和特性分述如下：

1. 箭线

(1) 在双代号网络图中，一条箭线表示一项工作（又称工序、作业、活动、施工过程）。如配管、配线、照明配电箱安装、灯具安装等。根据网络计划的性质和作用的不同，它包括的工作范围可大可小，视情况而定，既可以是分项工程，也可以用来表示分部或单位工程。

(2) 一根箭线表示的一项工作要占用一定的时间，消耗一定的资源，分别用数字标注在箭线的下方和上方；只占用时间而不消耗资源的工作，如混凝土的养护、油漆干燥等技术间歇，若单独考虑时，也应作为一项工作来看待，用一条箭线来表示；除此之外，还有一种带箭头的虚线，称为虚箭线，它表示一项虚工作。虚工作是虚拟的，工程中实际并不存在，因此它没有工作名称，既不占用时间，也不消耗资源，它的主要作用是解决工作之间的逻辑关系。如图 5-3 所示。

(3) 在无时标的网络图中，箭线的长度并不反映该工作占用时间的长短。在有时间坐标的网络图中，其箭线的长度必须根据完成该项工作所需时间长短按比例绘制。箭线可以画成直线，也可以画成折线和斜线，但是不得中断。为使图形整齐，最好画成水平直线或

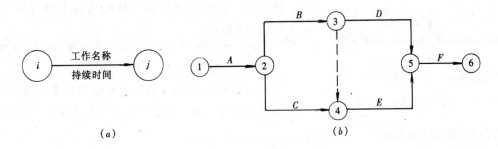

图 5-3 双代号网络图
(a) 工作的表示方法;(b) 工程的表示方法

带水平直线的折线。

(4) 箭线所指的方向表示工作进行的方向和前进的路线,箭线的箭尾表示该工作开始,箭头表示该工作的结束。工作名称标注在箭线水平部分的上方,工作的持续时间注在下方。

(5) 两项工作连续施工时,代表两项工作的箭线也应前后连续。两项工作平行施工时,其箭线也应平行绘制,如图 5-4 所示,就某工作而言,紧靠其前面的工作称为紧前工作,紧靠其后的工作称为紧后工作,与之平行的工作称为平行工作,该工作本身可叫"本项工作"。

2. 节点

网络图中箭线端部的圆圈或其他形状的封闭图形就是节点。在双代号网络图中,它表示工作之间的逻辑关系,节点表达的内容有以下几个方面:

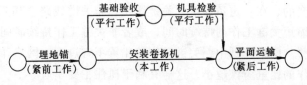

图 5-4 工作关系

(1) 节点在双代号网络图中表示一项工作的开始或结束,用圆圈表示。节点只是一个瞬间,既不消耗时间也不消耗资源。

(2) 箭线尾部的节点称箭尾节点,又称开始节点,表示该工作的开始;箭线头部的节点称为箭头节点,又称为结束节点,表示该工作的结束。

(3) 根据节点在网络图中的位置不同可以分为起点节点、终点节点和中间节点。起点节点是网络图中的第一个节点,表示一项任务的开始。终点节点是网络图中的最后一个节点,表示一项任务的完成。除起点节点和终点节点以外的节点称为中间节点,中间节点都有双重含义,既是前面工作的箭头节点,也是后面工作的箭尾节点。如图 5-3 所示。

(4) 节点编号。网络图中的每个节点都要有自己的编号,以便赋予每项工作以代号,便于计算网络图的时间参数和检查网络图是否正确。

编号的顺序是:从起点节点开始,依次向终点节点进行,箭尾节点在编号之前,箭头节点在编号之后,凡是箭尾节点没有编号,箭头节点也不能编号。

编号的原则是:每个箭线箭尾节点的号码必须小于箭头节点的号码;所有节点的编号不能重复出现。编号的方法是:一种是水平编号法,即从起点节点开始由上到下逐行编号,每行则自左向右按顺序编号;另外一种是垂直编号法,即从起点节点开始自左到右逐

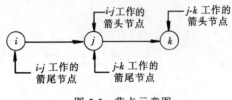

图 5-5 节点示意图

列编号,每列则根据编号规则的要求进行编号。如图 5-5 所示。

(5) 在网络图中,对一个节点来讲,可能有许多箭线通向该节点。这些箭线就称为"内向工作"(或内向箭线),同样也可能有许多箭线由同一节点出发,这些箭线就称为"外向工作"(或外向箭线)。如图 5-6 所示。

3. 线路

从网络图的起点节点到终点节点,沿着箭线的指向所构成若干条"通道",即为线路。一个网络图中,从起点节点到终点节点,一般都存在着许多线路,每条线路都包含若干项工作,这些工作的持续时间之和就是该线路的时间长度,即线路上总的工作持续时间。

在这些线路中每条不同的线路所需的时间之和也往往各不相等,其中时间之和最大

图 5-6 内向工作和外向工作

者称之为"关键线路",其余的线路称为非关键线路。位于关键线路上的工作称为关键工作,这些工作完成的快慢直接影响整个计划的完成时间。关键工作在网络图中通常用粗线和双线箭线表示。一般来说,一个网络图中至少有一条关键线路。关键线路也不是一成不变的,在一定条件下,关键线路和非关键线路会相互转化。例如,当采取技术组织措施,缩短关键工作的持续时间,或者非关键工作持续时间延长时,就有可能使关键线路发生转移。网络计划中,关键工作的比重不宜过大,网络计划愈复杂工作节点就愈多,则关键工作的比重应该越小,这样有利于抓住主要矛盾。

非关键线路都有机动时间(即时差),这意味着工作完成日期容许适当调整而不影响工期。时差的意义就在于可以使非关键工作在时差允许范围内放慢施工进度,将部分人、财、物转移到关键工作上去,以加快关键工作的进程;或者在时差允许范围内改变工作开始和结束时间,以达到均衡施工的目的。

(二) 单代号网络图

单代号网络图也是由许多节点和箭线组成的,但是构成单代号网络图的基本符号含义与双代号却完全不同。单代号网络图的节点表示工作,而箭线仅表示各项工作之间的逻辑关系。由于用节点来表示工作,因此,单代号网络图又称节点网络图。

单代号网络图与双代号网络图相比,具有一些优点,工作之间的逻辑关系容易表示,且不用虚箭线,网络图便于绘制、检查、修改,所以单代号网络图也有广泛的应用。

1. 节点

节点是单代号网络图的主要符号,它可以用圆圈或方框表示。一个节点代表一项工作(工序、作业、活动等)。节点所表示的工作名称、持续时间和编号一般都标注在圆圈或方框内,有时甚至将时间参数也注在节点内,如图 5-7 所示。图中所有的英文缩写的含义为:

ES——最早开始时间; EF——最早完成时间;

LS——最迟开始时间; LF——最迟完成时间;

TF——总时差; FF——自由时差。

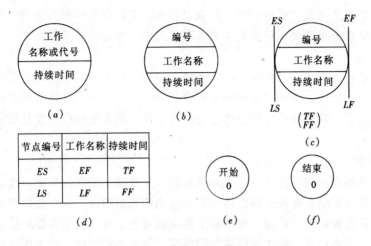

图 5-7 节点的表示方法

一个节点还可以表示一个事件。表示事件的节点只有两个,"开始"和"结束",在起点的节点为开始节点,它意味着一项计划和工程的开始;最后一个节点是结束节点,意味着一项计划和工程的结束。事件不占用时间,也不消耗资源。如图 5-7 所示。

2. 箭线

单代号网络图箭线仅表示工作或事件之间的逻辑关系,既不占用时间,也不消耗资源。单代号网络图中不用虚箭线。箭线的箭头表示工作前进方向,箭尾节点表示的工作为箭头节点的紧前工作。箭头节点表示的工作为箭尾节点的紧后工作。有关箭线前后节点所表示的工作关系如图 5-8 所示。图中 A 为 B、C 的紧前工作;B、C 为平行工作;D 为 B、C 的紧后工作。

3. 编号

在单代号网络图中,节点仍需编号,一项工作只能有一个代号,不能重号。代号仍用数码表示,箭头节点的号码应大于箭尾节点的号码,一个节点(表示一项工作)只有一个数码,因此叫"单代号"。如图 5-2(b)所示。

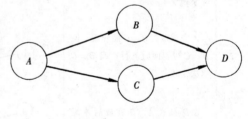

图 5-8 节点所表示的工作关系

4. 线路

从开始节点到结束节点,沿着联系箭线的指向所构成的若干条"通道",即为线路。单代号网络图也有关键线路和关键工作,非关键线路和关键线路。

第二节 网络图的绘制

网络图的绘制是网络计划方法应用的关键。要正确绘制网络图,必须正确反映逻辑关系,遵守绘图的基本原则。

一、逻辑关系的正确表示方法

(一)逻辑关系

逻辑关系是指工作或工程进行时，客观上存在的工作之间的相互制约、相互依赖的关系。这种关系可以分为两类，一类是工艺关系，另外一种是组织关系。

1. 工艺关系

工艺关系是指由施工工艺所决定的各个施工过程之间客观存在的先后顺序关系，或者是非生产性工作之间由工作程序决定的先后顺序关系。对于一个具体分部工程来说，当确定了施工方案以后，则该分部工程的施工过程（工作）的先后顺序一般是固定的，有的是绝对不能颠倒的。

2. 组织关系

组织关系是指在不违反施工工艺关系的前提下，在施工组织安排中，考虑劳动力、机具、材料或工期等影响，在各工作之间主观上安排的先后顺序关系。这种关系是不受工程性质决定的，是在保证施工质量、安全和工期等前提下，可以人为安排的顺序关系。

要给出一个正确反映工程实际的施工网络图，首先必须解决每项工作和别的工作所存在的三种逻辑关系：第一，本工作必须在哪些工作之前进行；第二，本工作必须在哪些工作之后进行；第三，本工作可以与哪些工作同时进行。

（二）逻辑关系的正确表示

表 5-2 列出网络图中常见的一些逻辑关系及其表示方法，并将单代号网络图表示方法和双代号网络图的表示方法对照列出，作为绘图和阅读时的参考。表中的工作编号与名称均以字母来表示。掌握了基本逻辑关系的表示方法，才具有绘制网络图的基本条件。

网络图逻辑关系的表示　　　　　　　　　表 5-2

序号	逻 辑 关 系	在单代号网络图中表示	在双代号网络图中表示
1	A 完成后，B 才能开始；或 B 紧跟 A		
2	A 完成前，B、C 能开始，但 B、C 可以同时进行；或 B、C 取决于 A		
3	C 必须在 A、B 完成后才能开始，但 A、B 可以同时进行；或 C 取决于 A、B		
4	在 A、B 完成前，C、D 不能开始，但 A、B 和 C、D 可同时进行		
5	只有当 A 和 B 都完成后，C 才能开始，但只要 B 完成后 D 就可以开始		

续表

序号	逻 辑 关 系	在单代号网络图中表示	在双代号网络图中表示
6	A和B可以同时进行，在A完成以前，C不能开始		
7	A、B均完成后进行D；A、B、C均完成后进行E；D、E均完成后进行F		
8	A、B均完成后进行C；B、D均完成后进行F		
9	A完成后进行C；A、B均完成后进行D；B完成后进行E		
10	A、B两项工作；按三个流水段进行流水施工		

二、双代号网络图的绘制

（一）绘制的基本原则

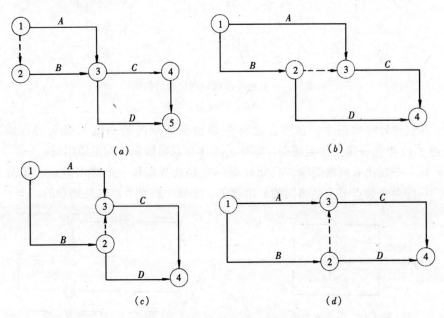

图 5-9 按表 5-3 绘制的网络图
（a）错误画法；（b）横向断路法；（c）竖向断路法之一；（d）竖向断路法之二

(1) 双代号网络图必须正确表达已定的逻辑关系，按工作本身的顺序连接箭线。例如已知网络图的逻辑关系如表 5-3 所示，若绘出网络图如图 5-9（a）就是错误的，因 D 的紧前工作没有 A。此时可引入虚工作用横向断路法或竖向断路法将 D 和 A 的联系断开，如图 5-9（b）、（c）、（d）所示。

逻辑关系表　　　　　　　　　　　　表 5-3

工　作	A	B	C	D
紧前工作	—	—	A、B	B

(2) 双代号网络图中，严禁出现循环线路。所谓循环线路是指从一个节点出发，顺箭线方向又回到原出发点的循环线路。如图 5-10 所示，就出现了不允许出现的循环线路 2—3—4—5—6—7—2。

(3) 在双代号网络图中不允许出现代号相同的箭线。在图 5-11（a）中，A、B、C 三项工作用①→②代号表示是错误的，正确的表达应该如图 5-11（b）、（c）所示。

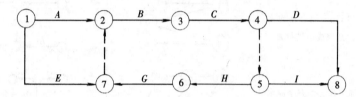

图 5-10　有循环回路的错误网络图

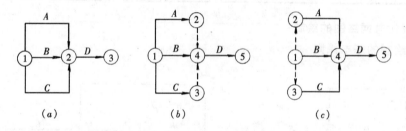

图 5-11　不允许出现相同代号的箭线
(a) 错误；(b)、(c) 正确

(4) 在双代号网络图中，在节点之间严禁出现带双向箭头或无箭头的连线，如图 5-12。在图 5-12 中③→⑤工作无箭头，②→⑤工作有双向箭头，均是错误的。

(5) 在一个双代号网络图中，只允许有一个起点节点和一个终点节点。如图 5-13 中出现了①、②两个起点节点是错误的，出现⑦、⑧两个终点节点也是错误的。

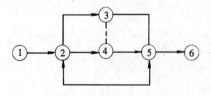

图 5-12　不允许出现
双向箭头及无箭头

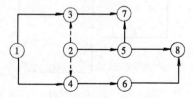

图 5-13　只允许有一个
起点节点（或终点节点）

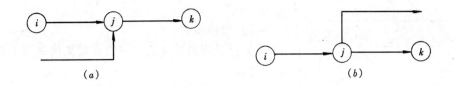

图 5-14 没有箭尾和箭头节点的箭线
(a) 没有箭尾节点的箭线；(b) 没有箭头节点的箭线

(6) 双代号网络图中严禁出现没有箭头节点或没有箭尾节点的箭线，如图 5-14 所示。图中的箭线（包括虚箭线）宜保持自左向右的方向，不宜出现箭头指向左方的水平箭线或箭头偏向左方的斜向箭线，如图 5-15 所示。若遵循这一原则绘制网络图，就不会出现循环线路。

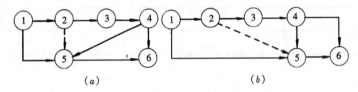

图 5-15 双代号网络图的表达
(a) 较差；(b) 较好

(7) 双代号网络图中，一项工作只有惟一的一条箭线和相应的一对节点编号。严禁在箭线上引入或引出箭线，如图 5-16 所示。

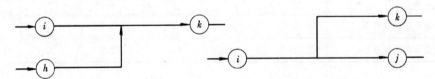

图 5-16 在箭线上引入或引出箭线的错误画法

(8) 绘制网络图时，尽可能在构图时避免交叉。

(二) 双代号网络图的绘制方法

1. 节点位置法

为了使所绘制网络图中不出现逆向箭线和竖向实线箭线，在绘制网络图之前，先确定各个节点相对位置，再按节点位置号绘制网络图，如图 5-17 所示。

(1) 节点位置号确定的原则以图 5-17 为例，说明节点位置号的确定原则：

1) 无紧前工作的工作的开始节点位置号为零。如工作 A、B 的开始节点位置号为 0。

2) 有紧前工作的工作的开始节点位置号等于其紧前工作的开始节点位置号的最大值加 1。如 E：紧前工作 B、C 的开始节点位置号分别为 0、1，则其节点位置号为 $1+1=2$。

3) 有紧后工作的工作的完成节点位置号等于其紧后工作的开始节点位置号的最小值。如 B：紧后工作 D、E 的开始节点位置分别为 1、2，则其节点位置号为 1。

4) 无紧后工作的工作完成节点号等于有紧后工作的工作完成节点位置号的最大值加 1。如工作 E、G 的完成节点号等于工作 C、D 的完成节点位置号的最大值加 1，为 $2+1$

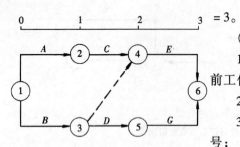

图 5-17 网络图与节点位置坐标

= 3。

(2) 绘图步骤：

1) 提供逻辑关系表，一般只要提供每项工作的紧前工作；
2) 用矩阵图确定各工作紧后工作；
3) 确定各工作开始节点位置号和完成节点位置号；
4) 根据节点位置号和逻辑关系绘出初始网络图；
5) 检查、修改、调整，绘制正式网络图。

【例1】 已知网络图的资料如表5-4所示，试绘制双代号网络图。

网络图资料表　　　　　　　　　　　　　　　　　　　表 5-4

工　作	A	B	C	D	E	G
紧前工作	—	—	—	B	B	C、D

【解】

(1) 列出关系表，确定出紧后工作和节点位置号，见表5-5。

关　系　表　　　　　　　　　　　　　　　　　　　表 5-5

工　作	A	B	C	D	E	G
紧前工作	—	—	—	B	B	C、D
紧后工作	—	D、E	G	G	—	—
开始节点的位置号	0	0	0	1	1	2
完成节点的位置号	3	1	2	2	3	3

(2) 绘出网络图，如图5-18所示。

【例2】 已知网络图的资料如表5-6所示，试绘制双代号网络图。

【解】

(1) 用矩阵图确定紧后工作。其方法是先绘出以各项工作为纵横坐标的矩阵图；再在横坐标方向上，根据网络图资料表，是紧前工作者标注1；然后再查看纵坐标方向，凡标注有1者，即为该工作的紧后工作，如图5-19所示。

(2) 列出关系表，确定出节点位置号，如表5-7所示。

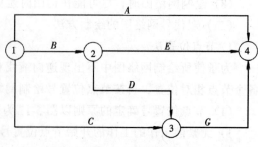

图 5-18 网络图

网络图资料表　　　　　　　　　　　　　　　　　　　表 5-6

工　作	A	B	C	D	E	G	H
紧前工作	—	—	—	—	A、B	B、C、D	C、D

关　系　表　　　　　　　　　　　　　　　　　　　　　　表 5-7

工　作	A	B	C	D	E	G	H
紧前工作	—	—	—	—	A、B	B、C、D	C、D
紧后工作	E	E、G	G、H	G、H	—	—	—
开始节点位置号	0	0	0	0	1	1	1
完成节点位置号	1	1	1	1	2	2	2

（3）绘制初始网络图。根据表 5-6 所示给定的逻辑关系及节点位置号，绘制出初始网络图，如图 5-20 所示。

（4）绘制正式网络图。检查、修改并进行结构调整，最后绘出正式网络图，如图 5-21 所示。

2．逻辑草稿法

先根据网络图的逻辑关系，绘制出网络图草图，再结合绘图规则进行调整布局，最后形成正式网络图。当已知每一项工作的紧前工作时，可按下述步骤绘制双代号网络图。

（1）绘制没有紧前工作的工作，使它们具有相同的箭尾节点，即起点节点。

（2）依次绘制其他各项工作。这些工作的绘制条件是将其所有紧前工作都已绘制出来。绘制原则为：

1）当工作只有一个紧前工作时，则将该工作的箭线直接画在其紧前工作的完成节点之后即可。

2）当绘制的工作有多个紧前工作时，应按以下四种情况分别考虑：

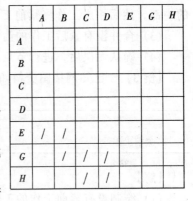

图 5-19　矩阵图

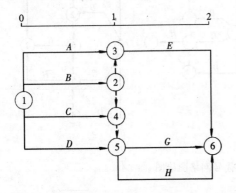

图 5-20　初始网络图

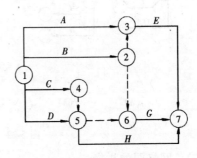

图 5-21　正式网络图

（A）如果在其紧前工作中只存在一项只作为本工作紧前工作的工作（即在紧前工作栏目中，该紧前工作只出现一次），则应将本工作的箭线直接画在该紧前工作完成节点之后，然后用虚箭线分别将其他紧前工作的完成节点与本工作的开始节点相连，以表达它们之间的逻辑关系。

（B）如果在紧前工作中存在多项只作为本工作紧前工作的工作，应先将这些紧前工作的完成节点合并（利用虚工作或直接合并），再从合并后的节点开始，画出本工作箭线，最后用虚箭线将其他紧前工作的箭头节点分别与本工作开始节点相连,以表达它们之间的逻辑关系。

(C) 如果不存在情况(A)、(B),应判断本工作的所有紧前工作是否都同时作为其他工作的紧前工作(即紧前工作栏目中,这几项紧前工作是否均同时出现若干次)。如果这样,应将它们完成节点合并后,再从合并后的节点开始画出本工作箭线。

(D) 如果不存在(A)、(B)、(C),则应将本工作箭线单独画在其紧前工作箭线之后的中部,然后用虚工作将紧前工作与本工作相连。表达其逻辑关系。

(3) 合并没有紧后工作的箭线,即为终点节点。

(4) 确认无误后,进行节点编号。

【例3】 已知网络图资料如表5-8所示,试绘制双代号网络图。

工作逻辑关系表 表5-8

工　作	A	B	C	D	E	G	H
紧前工作	—	—	—	—	A、B	B、C、D	C、D

【解】

(1) 绘制没有紧前工作的工作箭线 A、B、C、D,如图5-22(a)所示;

(2) 按前述原则(2)中情况(A)绘制工作 E,如图5-22(b)所示;

(3) 按前述原则(2)情况(C)绘制 H,如图5-22(c)所示;

(4) 按前述原则(2)中情况(D)绘制工作 G,并将工作 E、G、H 合并,如图5-22(d)所示

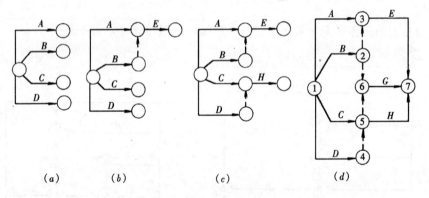

图5-22 双代号网络图绘图

(三) 网络图的拼接

(1) 网络图的排列。网络图采用正确的排列方式,逻辑关系准确清晰,形象直观,便于计算与调整。排列方式主要有混合排列、按施工过程排列、按施工段排列三种。

(2) 网络图的工作合并。为了简化网络图,可将较详细相对独立的局部网络图变为较概括的少箭线的网络图。网络图合并的基本方法是:保留局部网络图中与外部工作相联系的节点,合并后箭线所表达的工作持续时间为合并前该部分网络图中相应最长线路段的工作时间之和。网络图的合并主要用于群体工程施工控制网络图和施工单位的季度、年度控制网络图的编制。

(3) 网络图的连接。绘制较复杂的网络图时,往往先将其分解成若干个相对独立的部

分，然后各自分头绘制，最后按逻辑关系进行连接，形成一个总体网络图。在连接过程中，应注意以下事项：

1）必须有一个统一的构图和排列方式；
2）整体网络图的节点编号要协调一致；
3）施工过程划分的粗细程度应一致；
4）各分部工程之间应预留连接节点。

（4）网络图的详略组合。在网络图的绘制中，为了简化网络图图面，更是为了突出网络计划的重点，常常采取"局部详细、整体简略"的绘制方式，称为详略组合。

三、单代号网络图的绘制

（一）绘制单代号网络图的基本原则

单代号网络图节点及其编号表示工作，以箭线表示工作之间逻辑关系的网络图。单代号网络图是网络计划的另一种表达方法。绘制单代号网络图时，必须正确反映节点之间的逻辑关系和遵循有关的绘图原则。

（1）单代号网络图必须正确表达已定的逻辑关系。

（2）单代号网络图中不允许出现循环线路。所谓循环线路是指从一个节点出发，顺着某一线路又能回到出发点的线路。如图5-23中的 $A \rightarrow B \rightarrow C \rightarrow A$ 就是循环线路。它表示逻辑关系是错误的，在工艺上是相互矛盾的。

（3）单代号网络图中的工作代号不允许重复。任何一个编号只能表示一项工作，不能出现代号相同的工作。

（4）单代号网络图中不能出现双向箭线或无箭头的连线。

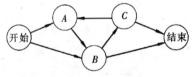

图5-23 循环线路

（5）单代号网络图应设置"开始"和"结束"节点，且只能有一个开始节点和一个结束节点。如果在开始和结束处的一些工作缺少必要的逻辑关系或当网络图中有多项起点或多项终点节点时，应在网络图的两端分别设置一项虚工作，作为该网络图的起点节点和终点节点，除了开始的起点节点和结束的终点节点外，其他所有节点，其前面必须至少有一个紧前工作节点，其后面必须至少有一个紧后工作节点，并以箭线相联系。在网络图中不允许出现不连通的中间节点。

（6）单代号网络图中，不允许出现没有箭尾节点的箭线和没有箭头节点的箭线；

（7）绘制单代号网络图时，箭线不宜交叉，当交叉不可避免时，可采用过桥法和指向法绘制。

（二）单代号网络图的绘制方法

单代号网络图绘制较双代号网络图简单，不必增设虚箭线。现举例说明单代号网络图的绘制方法。例如，要绘制某设备安装工程施工网络图，其工作步骤如下：

1. 确定工作名称并编号

该工程施工中共有20个施工过程，各施工过程（工作）的名称及编号分别为 A、B、C、D、E、F、G、H、I、J、K、L、M、N、O、P、Q、R、S、T。

2. 确定各工作之间的逻辑关系，绘制出分部网络图

绘制施工网络图时，各工作的逻辑关系必须根据工程实际的工艺逻辑和组织逻辑关系

来确定。该工程中各工作的逻辑关系和相应的分部网络图如表 5-9 所示。

3．分部网络图的拼接

根据表 5-9 所示的各分部网络图，拼接成一个完整的施工网络图。其拼接步骤为：

（1）从事件"开始"开始，将包含有"开始"的分部网络图绘出，把"开始"节点绘在图纸左边的中间位置；

逻 辑 关 系 表　　　　　　　　　　　　　　　表 5-9

序 号	逻 辑 关 系	分 部 网 络 图
1	A 是开始的第一项工作	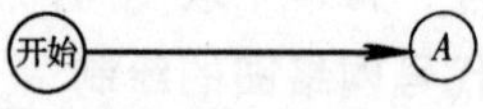 开始 → A
2	B 和 C 完成后，F 才能开始	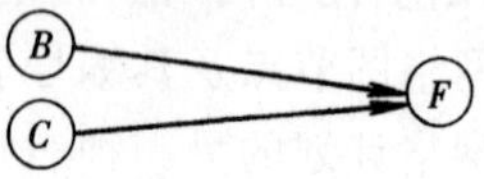 B, C → F
3	J 紧跟在 I 后面	 I → J
4	R 取决于 L 和 Q	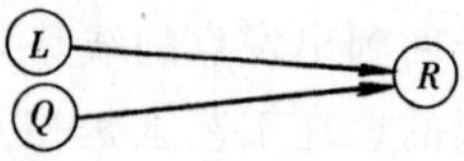 L, Q → R
5	Q 在 S 前面	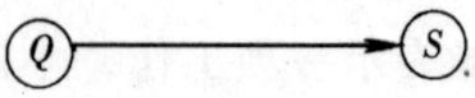 Q → S
6	E 在 I 前面	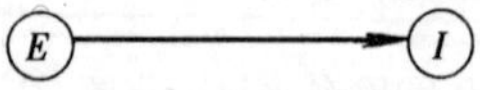 E → I
7	O 在 S 前面	 O → S
8	K 取决于 J 和 N	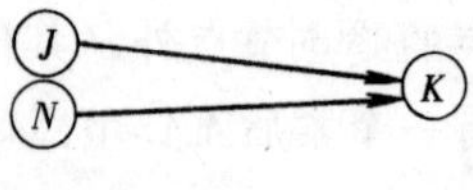 J, N → K
9	T 紧跟在 R 和 S 后面	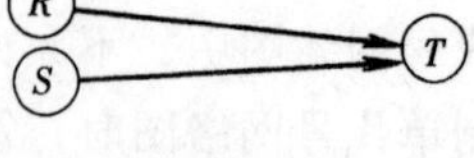 R, S → T
10	P 和 K 完成前 Q 不能开始	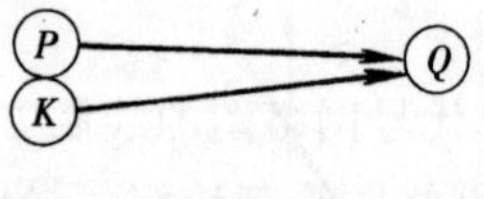 P, K → Q
11	M 紧跟在 F 和 G 后面	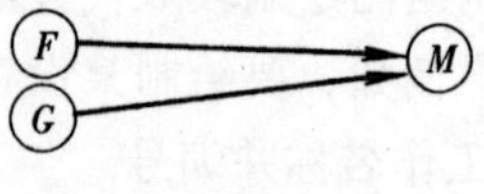 F, G → M
12	B 紧跟 A	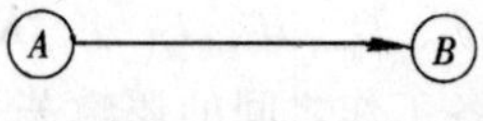 A → B

续表

序号	逻辑关系	分部网络图
13	C 在 G 前面	C → G
14	H 紧跟 D	D → H
15	T 是最后一项工作	T → 结束
16	L 紧跟 K	K → L
17	O 紧跟 M	M → O
18	P 只在 M 和 N 完后才能开始	M, N → P
19	F、G 和 H 结束后 N 才能开始	G, F, H → N
20	C、D、E 同时进行都在 A 后	A → C, D, E
21	F 紧跟 B	B → F

(2) 仔细检查全部分部网络图，将包含有工作 A 的分部网络图绘出；

(3) 依次考虑 A 的紧后工作，如工作 B、C、D、E，将其紧后工作拼接入图内；

(4) 同法，将 F、G、H、I 的紧后工作拼接入图内，等等。直到全部节点绘出，并符合绘图规则为止。

在拼接网络图时为使施工网络图不至于凌乱，一般应将图纸在纵的方向，从左到右分出若干个区段。如本例分成如图 5-24 所示的 0-9 个区段。拼图时把各节点按先后顺序关

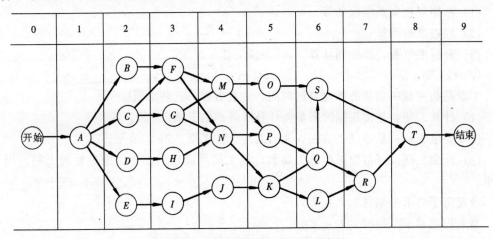

图 5-24 网络图拼接时划分区段示意图

107

系，分别均匀地拼入图内，稍加调整就可得到如图 5-25 所示的一张比较令人满意的网络图。

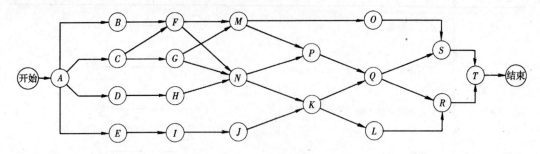

图 5-25 某工程施工网络计划

第三节 双代号网络计划时间参数的计算

根据工程对象各项工作的逻辑关系和绘图规则绘制网络图是一种定性的过程，只有进行时间参数计算这样一个定量的过程，才使网络图计划具有实际应用价值。

计算网络计划时间参数的目的主要有三个：第一，确定各项工作和各个事件的参数，从而确定关键线路和关键工作，便于施工中抓住重点，向关键线路要时间，为网络计划的执行、调整和优化提供必要的时间概念；第二，明确非关键工作及其在施工中时间上有多大的机动性，便于挖掘潜力，统筹全局，部署资源；第三，确定总工期，做到工程进度心中有数。

网络计划时间参数的计算内容包括：最早开始时间、最早完成时间、最迟开始时间、最迟完成时间、工期、总时差和自由时差的计算。计算方法通常有图上计算法、表上计算法、矩阵计算法和电算法等。本章主要介绍图上计算法和表上计算法。

一、网络计划时间参数及其符号

(一) 工作持续时间

工作持续时间指一项工作从开始到完成的时间。其主要计算方法有：

(1) 参照以往实践经验估算；

(2) 经过试验推算；

(3) 有标准可查，按定额计算。

(二) 工期

工期是指完成一项任务所需要的时间。一般有以下三种工期：

(1) 计算工期：是指根据时间参数计算所得到的工期，用 T_C 表示；

(2) 要求工期：是指任务委托人提出的指令性工期，用 T_r 表示；

(3) 计划工期：是指根据要求工期和计算工期所确定的作为实施目标的工期，用 T_p 表示。

当规定了要求工期时：$T_p \leqslant T_r$。

当未规定要求工期时：$T_p \leqslant T_C$。

(三) 常用符号

设有线路 $h \rightarrow i \rightarrow j \rightarrow k$，则：

t_{i-j}——工作 $i \rightarrow j$ 的持续时间；

t_{h-i}——工作 $i \rightarrow j$ 的紧前工作 $h \rightarrow i$ 的持续时间；

t_{j-k}——工作 $i \rightarrow j$ 的紧后工作 $j \rightarrow k$ 的持续时间；

TE_i——节点 i 的最早开始时间；

TL_i——节点 i 的最迟开始时间；

ES_{i-j}——工作 $i \rightarrow j$ 的最早开始时间；

EF_{i-j}——工作 $i \rightarrow j$ 的最早完成时间；

LS_{i-j}——在总工期已经确定的情况下，工作 $i \rightarrow j$ 的最迟开始时间；

LF_{i-j}——在总工期已经确定的情况下，工作 $i \rightarrow j$ 的最迟完成时间；

TF_{i-j}——工作 $i \rightarrow j$ 的总时差；

FF_{i-j}——工作 $i \rightarrow j$ 的自由时差。

（四）网络计划中工作时间参数及其计算程序

网络计划中的时间参数有六个：最早开始时间、最早完成时间、最迟开始时间、最迟完成时间、总时差、自由时差。

1. 最早开始时间 ES_{i-j} 和最早完成时间 EF_{i-j}

最早开始时间是指各紧前工作全部完成后，本工作有可能开始的最早时间。工作 $i \rightarrow j$ 的最早开始时间用 ES_{i-j} 表示。

最早完成时间是指各项紧前工作全部完成后，本工作有可能完成的最早时间。$i \rightarrow j$ 的最早完成时间用 EF_{i-j} 表示。

这类时间参数的实质是指出了紧后工作与紧前工作的关系，即紧后工作若提前开始，也不能提前到其紧前工作未完成之前。就整个网络图而言，受到起点节点的控制。因此，其计算程序为：自起点节点开始，顺着箭线方向，用累加的方法计算到终点节点。

2. 最迟开始时间 LS_{i-j} 和最迟完成时间 LF_{i-j}

最迟开始时间是指在不影响整个任务按期完成的前提下，工作必须开始的最迟时间。工作 $i \rightarrow j$ 的最迟开始时间用 LS_{i-j} 表示。

最迟完成时间是指在不影响整个任务按期完成的前提下，工作必须完成的最迟时间。工作 $i \rightarrow j$ 的最迟完成时间用 LF_{i-j} 表示。

这类时间参数的实质是提出紧前工作与紧后工作的关系，即紧前工作要推迟开始，不能影响其紧后工作的按期完成。就整个网络图而言，受到终点节点（即计算工期）的控制。因此，其计算程序为：自终点开始，逆着箭线方向，用累减的方法计算到起点节点。

3. 总时差 TF_{i-j} 和自由时差 FF_{i-j}

总时差是指在不影响总工期的前提下，本工作可以利用的机动时间。工作 $i \rightarrow j$ 的总时差用 TF_{i-j} 表示。

自由时差是指不影响其紧后工作最早开始时间的前提下，本工作可以利用的机动时间。工作 $i \rightarrow j$ 的自由时差用 FF_{i-j} 表示。

（五）网络计划中节点时间参数及其计算程序

1. 节点最早开始时间 TE_i

双代号网络计划中,以该节点为开始节点的各项工作的最早开始时间,称为节点最早开始时间。节点 i 的最早时间用 TE_i 表示。计算程序为:自起点节点开始,顺着箭线方向,用累加的方法计算到终点节点。

2. 节点最迟完成时间 TL_i

双代号网络计划中,以该节点为完成节点的各项工作的最迟完成时间,称为节点的最迟完成时间,节点 i 的最迟完成时间用 TL_i 表示。其计算程序为:自终点节点开始,逆着箭线方向,用累减的方法计算到起点节点。

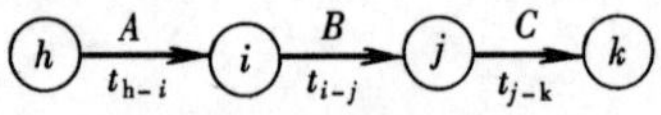

(六)时间参数的关系

从节点时间参数的概念出发,现以图 5-26 来分析各时间参数的关系:工作 B 的最早开始时间等于节点 i 的最早开始时间;工作 B 的最早完成时间等于其最早开始时间加上工作 B 的持续时间;工作 B 的最迟开始时间等于其最迟完成时间减去工作 B 的持续时间;工作 B 的最迟完成时间等于节点 j 的最迟开始时间。从上述分析可以得出节点时间参数与工作时间的关系为:

$$ES_{i-j} = TE_i$$
$$EF_{i-j} = ES_{i-j} + t_{i-j}$$
$$LF_{i-j} = TL_j$$
$$LS_{i-j} = LF_{i-j} - t_{i-j}$$

图 5-26 时间参数关系简图

二、双代号网络计划时间参数的计算方法

(一)工作计算法

按工作计算法计算参数应在确定了各项工作的持续时间之后进行。虚工作也必须视同工作进行计算,其持续时间为零。时间参数的计算结果就标注在箭线之上。如图 5-27 所示。

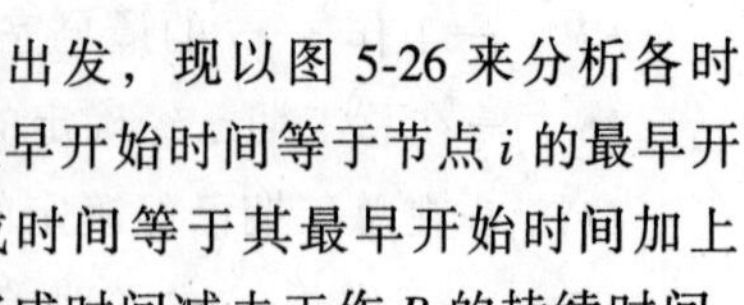

1. 计算各工作的最早开始时间和最早完成时间

各项工作的最早完成时间等于其最早开始时间加上工作持续时间,即

$$EF_{i-j} = ES_{i-j} + t_{i-j}$$

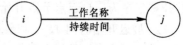

图 5-27 按工作计算法的标注内容
注:当为虚工作时,图中的箭线为虚箭线。

计算工作最早时间参数时,一般有以下三种情况:

(1)工作以起点节点为开始节点时,其最早开始时间应为零(或规定时间),即:

$$ES_{i-j} = 0$$

(2)当工作只有一项紧前工作时,该工作的最早开始时间就为紧前工作的最早完成时间,即:

$$ES_{i-j} = EF_{h-i} = ES_{h-i} + t_{h-i}$$

(3)当工作有多个紧前工作时,该工作的最早开始时间应为其所有紧前工作最早完成时间的最大值,即:

$$ES_{i-j} = \max(ES_{i-j} + t_{i-j})$$

如图 5-28 所示的网络计划中,各工作的最早开始时间和最早完成时间计算如下:

工作的最早开始时间:

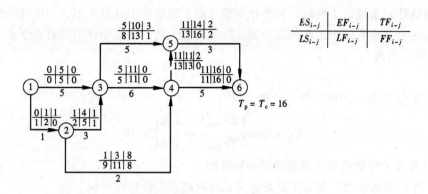

图 5-28 某双代号网络图的计算

$ES_{1-2} = ES_{1-3} = 0$

$ES_{2-3} = ES_{1-2} + t_{1-2} = 0 + 1 = 1$

$ES_{2-4} = ES_{2-3} = 1$

$ES_{3-4} = \max \begin{Bmatrix} ES_{1-3} + t_{1-3} \\ ES_{2-3} + t_{2-3} \end{Bmatrix} = \max \begin{Bmatrix} 0 + 5 \\ 1 + 3 \end{Bmatrix} = 5$

$ES_{3-5} = ES_{3-4} = 5$

$ES_{4-5} = \max \begin{Bmatrix} ES_{2-4} + t_{2-4} \\ ES_{3-4} + t_{3-4} \end{Bmatrix} = \max \begin{Bmatrix} 1 + 2 \\ 5 + 6 \end{Bmatrix} = 11$

$ES_{4-6} = ES_{4-5} = 11$

$ES_{5-6} = \max \begin{Bmatrix} ES_{3-5} + t_{3-5} \\ ES_{4-5} + t_{4-5} \end{Bmatrix} = \max \begin{Bmatrix} 5 + 5 \\ 11 + 0 \end{Bmatrix} = 11$

工作的最早完成时间:

$EF_{1-2} = ES_{1-2} + t_{1-2} = 0 + 1 = 1$

$EF_{1-3} = ES_{1-3} + t_{1-3} = 0 + 5 = 5$

$EF_{2-3} = ES_{2-3} + t_{2-3} = 1 + 3 = 4$

$EF_{2-4} = ES_{2-4} + t_{2-4} = 1 + 2 = 3$

$EF_{3-4} = ES_{3-4} + t_{3-4} = 5 + 6 = 11$

$EF_{3-5} = ES_{3-5} + t_{3-5} = 5 + 5 = 10$

$EF_{4-5} = ES_{4-5} + t_{4-5} = 11 + 0 = 11$

$EF_{4-6} = ES_{4-6} + t_{4-6} = 11 + 5 = 16$

$EF_{5-6} = ES_{5-6} + t_{5-6} = 11 + 3 = 14$

上述计算可以看出，工作的最早时间计算应特别注意以下三点：一是计算程序，即从起点节点顺着箭线方向，按节点次序逐项工作计算；二是要弄清该工作的紧前工作是哪几项，以便准确计算；三是同一节点的所有外向工作最早开始时间相同。

2. 确定网络计划工期

当网络计划规定了要求工期时，网络计划的计划工期应小于或等于要求工期，即

$$T_P \leqslant T_r$$

当网络计划未规定工期时,网络计划的计划工期应等于计算工期,即以网络计划的终点节点为完成节点的各个工作的最早完成时间的最大值,如网络计划的终点节点的编号为 n,则计算工期为:

$$T_P = T_C = \max\{EF_{i-n}\}$$

如图 5-28 所示,网络计划的计算工期为:

$$T_C = \max\begin{Bmatrix} EF_{4-6} \\ EF_{5-6} \end{Bmatrix} = \begin{Bmatrix} 16 \\ 14 \end{Bmatrix} = 16$$

3. 计算各工作的最迟完成和最迟开始时间

各工作的最迟开始时间等于其最迟完成时间减去工作持续时间,即:

$$LS_{i-j} = LF_{i-j} - t_{i-j}$$

计算工作最迟时间参数时,一般有以下三种情况:

(1) 当工作的终点节点为完成节点时,其最迟完成时间为网络计划的计划工期,即:

$$LF_{i-j} = T_P$$

(2) 当工作只有一项紧后工作时,该工作的最迟完成时间应为其紧后工作的最迟开始时间,即:

$$LF_{i-j} = LF_{j-k} - t_{j-k}$$

(3) 当工作有多项紧后工作时,该工作的最迟完成时间应为其多项紧后工作最迟开始时间的最小值,即:

$$LF_{i-j} = \min(LS_{j-k}) = \min(LF_{j-k} - t_{j-k})$$

如图 5-28 所示的计划中,各工作的最迟完成时间和最迟开始时间计算如下:

工作的最迟完成时间:

$$LF_{4-6} = T_C = 16$$

$$LF_{5-6} = LF_{4-6} = 16$$

$$LF_{3-5} = LF_{5-6} - t_{5-6} = 16 - 3 = 13$$

$$LF_{2-4} = \min\begin{Bmatrix} LF_{4-5} - t_{4-5} \\ LF_{4-6} - t_{4-6} \end{Bmatrix} = \min\begin{Bmatrix} 13 - 0 \\ 16 - 5 \end{Bmatrix} = 11$$

$$LF_{3-4} = LF_{2-4} = 11$$

$$LF_{1-3} = \min\begin{Bmatrix} LF_{3-4} - t_{3-4} \\ LF_{3-5} - t_{3-5} \end{Bmatrix} = \min\begin{Bmatrix} 11 - 6 \\ 13 - 5 \end{Bmatrix} = 5$$

$$LF_{2-3} = LF_{1-3} = 5$$

$$LF_{1-2} = \min\begin{Bmatrix} LF_{2-3} - t_{2-3} \\ LF_{2-4} - t_{2-4} \end{Bmatrix} = \min\begin{Bmatrix} 5 - 3 \\ 11 - 2 \end{Bmatrix} = 2$$

工作的最迟开始时间:

$$LS_{4-6} = LF_{4-6} - t_{4-6} = 16 - 5 = 11$$

$$LS_{5-6} = LF_{5-6} - t_{5-6} = 16 - 3 = 13$$

$$LS_{3-5} = LF_{3-5} - t_{3-5} = 13 - 5 = 8$$

$$LS_{4-5} = LF_{4-5} - t_{4-5} = 13 - 0 = 13$$

$$LS_{2-4} = LF_{2-4} - t_{2-4} = 11 - 2 = 9$$
$$LS_{3-4} = LF_{3-4} - t_{3-4} = 11 - 6 = 5$$
$$LS_{1-3} = LF_{1-3} - t_{1-3} = 5 - 5 = 0$$
$$LS_{2-3} = LF_{2-3} - t_{2-3} = 5 - 3 = 2$$
$$LS_{1-2} = LF_{1-2} - t_{1-2} = 2 - 1 = 1$$

上述计算可以看出，工作的最迟时间计算时应特别注意以下三点：一是计算程序，即从终点节点开始逆着箭线方向，按节点次序逐项工作计算；二是要弄清该工作紧后工作有哪几项，以便正确计算；三是同一节点的所有内向工作最迟完成时间相同。

4．计算各工作的总时差

如图 5-29 所示，在不影响总工期的前提下，各项工作所具有的机动时间（富裕时间）为总时差。一项工作可以利用的时间范围是从该工作最早开始时间到最迟完成时间，即工作从最早开始时间或最迟开始时间，均不会影响总工期。而工作实际需要的持续时间是 t_{i-j}，扣去 t_{i-j} 后，余下的一段时间就是工作可以利用的机动时间，即为总时差。所以总时差等于最迟开始时间减去最早开始时间，或最迟完成时间减去最早完成时间，即：

$$TF_{i-j} = LS_{i-j} - ES_{i-j}$$

或

$$TF_{i-j} = LF_{i-j} - EF_{i-j}$$

或

$$TF_{i-j} = LF_{i-j} - ES_{i-j} - t_{i-j}$$

如图 5-28 所示的网络图中，各工作的总时差计算如下：

$$TF_{1-2} = LS_{1-2} - ES_{1-2} = 1 - 0 = 1$$
$$TF_{1-3} = LS_{1-3} - ES_{1-3} = 0 - 0 = 0$$
$$TF_{2-3} = LS_{2-3} - ES_{2-3} = 2 - 1 = 1$$
$$TF_{2-4} = LS_{2-4} - ES_{2-4} = 9 - 1 = 8$$
$$TF_{3-4} = LS_{3-4} - ES_{3-4} = 5 - 5 = 0$$
$$TF_{3-5} = LS_{3-5} - ES_{3-5} = 8 - 5 = 3$$
$$TF_{4-5} = LS_{4-5} - ES_{4-5} = 13 - 11 = 2$$
$$TF_{4-6} = LS_{4-6} - ES_{4-6} = 11 - 11 = 0$$
$$TF_{5-6} = LS_{5-6} - ES_{5-6} = 13 - 11 = 2$$

通过计算不难看出总时差具有如下特性：

（1）凡是总时差为最小的工作就是关键工作；由关键工作连接构成的线路为关键线路；关键线路上各工作时间之和即为总工期。如图 5-28 所示，工作 1-3、3-4、4-6 为关键工作，线路 1—3—4—6 为关键线路。

（2）当网络计划的计划工期等于计算工期时，凡总时差大于零的工作为非关键工作；凡是具有非关键工作的线路为非关键线路。非关键线路与关键线路相交时的相关节点把非关键线路划分成若干个非关键路段，各段有各段的总时差，相互没有关系。

（3）时差的使用具有双重性，它既可以被该工作使用，但又属于某非关键线路所共有。当某项工作使用了全部或部分总时差时，则将引起通过该工作的线路上所有工作总时差重新分配。例如图 5-28 中，非关键线路 3—5—6 中，$TF_{3-5} = 3$ 天、$TF_{5-6} = 2$ 天，如果

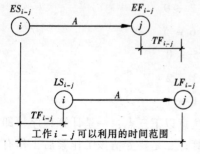

图 5-29 总时差计算简图

工作 3—5 使用了 3 天机动时间，则工作 5—6 就没有了总时差可以利用；反之若工作 5—6 使用了 2 天机动时间，则工作 3—5 就只有 1 天的时差可以利用了。

5. 计算各工作的自由时差 FF_{i-j}

如图 5-30 所示，在不影响其紧后工作最早开始时间的前提下，一项工作可以利用的时间范围是从该工作最早开始时间至其紧后工作最早开始时间。而工作实际需要的持续时间是 t_{i-j}，那么扣去 t_{i-j} 后，尚有的一段时间就是自由时差。其计算如下：

即：
$$FF_{i-j} = ES_{j-k} - EF_{i-j}$$

或
$$FF_{i-j} = ES_{j-k} - ES_{i-j} - t_{i-j}$$

当以终点节点（$j = n$）为箭头节点的工作，其自由时差应按网络计划的计算工期 T_P 确定，即：

$$FF_{i-n} = T_P - EF_{i-n}$$

或
$$FF_{i-n} = T_P - EF_{i-n} - t_{i-n}$$

如图 5-28 所示的网络图中，各工作的自由时差计算如下：

通过计算不难看出自由时差有如下特性：

（1）自由时差为某非关键工作具有独立使用的机动时间，利用自由时差，不会影响其紧后工作的最早开始时间。例如图 5-28 中，工作 3—5 有 1 天自由时差，如果使用了 1 天机动时间，也不影响其紧后工作 5—6 的最早开始时间。

（2）非关键工作的自由时差必小于或等于其总时差。

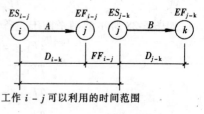

图 5-30 自由时差的计算简图

（二）节点计算法

按节点计算法计算时间参数，其计算结果应标注在节点之上，如图 5-31 所示。下面以图 5-32 为例，说明其计算步骤：

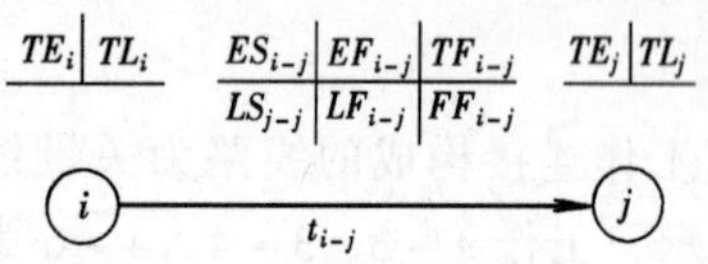

图 5-31 时间参数标注符号

1. 计算各节点的最早开始时间 TE_i

节点的最早开始时间是以该节点为开始节点的工作的最早开始时间，也就是该节点前面的工作全部完成，后面的工作最早可能开始的时间。其计算分两种情况：

（1）起始节点①如未规定最早开始时间，其值可以假定为零，即 $TE_1 = 0$。

（2）中间节点 j 的最早开始时间为：

当节点 j 的前面只有一个节点时，则

$$TE_j = TE_i + t_{i-j}$$

当节点 j 的前面不只一个节点时，则

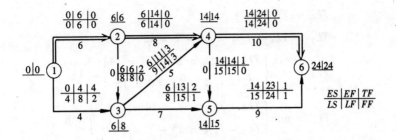

图 5-32 双代号网络图的节点计算法

$$TE_j = \max(TE_i + t_{i-j})$$

计算各个节点的最早开始时间应从左到右依次进行，直至终点。计算方法可归纳为："顺着箭头相加，逢箭头相碰的节点取最大值"。

在图 5-32 所示的网络图中，各节点最早开始时间计算如下，并及时记入各节点上方。

$TE_1 = 0$

$TE_2 = TE_1 + t_{1-2} = 0 + 6 = 6$

$TE_3 = \max\begin{Bmatrix} TE_1 + t_{1-3} = 0 + 6 = 6 \\ TE_2 + t_{2-3} = 6 + 0 = 6 \end{Bmatrix} = 6$

$TE_4 = \max\begin{Bmatrix} TE_2 + t_{2-4} = 6 + 8 = 14 \\ TE_3 + t_{3-4} = 6 + 5 = 11 \end{Bmatrix} = 14$

$TE_5 = \max\begin{Bmatrix} TE_3 + t_{3-5} = 6 + 7 = 13 \\ TE_4 + t_{4-5} = 14 + 0 = 14 \end{Bmatrix} = 14$

$TE_6 = \max\begin{Bmatrix} TE_4 + t_{4-6} = 14 + 10 = 24 \\ TE_5 + t_{5-6} = 14 + 9 = 23 \end{Bmatrix} = 24$

2. 计算各个节点的最迟开始时间 TL_i

节点的最迟开始时间是以该节点为完成节点的工作的最迟开始时间，也就是对前面工作最迟完成时间所提出的限制。其计算有两种情况：

（1）终点节点 n 的最迟开始时间应等于网络计划的计划工期，即：

$$TL_n = TE_n \text{（规定工期）}$$

若分期完成的节点，则最迟时间等于该节点规定的分期完成的时间。

（2）中间节点 i 的最迟开始时间：

当节点 i 的后面只有一个节点时，则

$$TL_i = TL_j - t_{i-j}$$

当节点 i 的后面不只有一个节点时，则

$$TL_i = \min(TL_j - t_{i-j})$$

计算各节点的最迟开始时间应从右向左，依次进行，直至起点节点。计算方法可归纳为："逆着箭头相减，逢箭尾相碰的节点取最小值"。

在图 5-32 所示网络中，各节点最迟开始时间计算如下，并将计算结果及时记入各节点右上方。

$$TL_6 = TE_6 = 24$$

$$TL_5 = TL_6 - t_{5-6} = 24 - 9 = 15$$

$$TL_4 = \min\begin{Bmatrix} TL_6 - t_{4-6} = 24 - 10 = 14 \\ TL_5 - t_{4-5} = 15 - 0 = 15 \end{Bmatrix} = 14$$

$$TL_3 = \min\begin{Bmatrix} TL_4 - t_{3-4} = t = 14 - 5 = 9 \\ TL_5 - t_{3-5} = 15 - 7 = 8 \end{Bmatrix} = 8$$

$$TL_2 = \min\begin{Bmatrix} TL_4 - t_{2-4} = 14 - 8 = 6 \\ TL_3 - t_{2-3} = 8 - 0 = 8 \end{Bmatrix} = 6$$

$$TL_1 = \min\begin{Bmatrix} TL_2 - t_{1-2} = 6 - 6 = 0 \\ TL_3 - t_{1-3} = 8 - 4 = 4 \end{Bmatrix} = 0$$

3. 计算各工作的最早开始时间 ES_{i-j} 和最早完成时间 EF_{i-j}

（1）各项工作的最早开始时间等于其开始节点最早开始时间，即：

$$ES_{i-j} = TE_i$$

（2）各项工作的最早完成时间等于其最早开始时间加上工作持续时间，即：

$$EF_{i-j} = ES_{i-j} + t_{i-j}$$

图 5-32 中各工作的最早开始时间 ES_{i-j} 和最早完成时间 EF_{i-j} 计算如下：

$$ES_{1-2} = TE_1 = 0 \quad EF_{1-2} = ES_{1-2} + t_{1-2} = 0 + 6 = 6$$

$$ES_{1-3} = TE_1 = 0 \quad EF_{1-3} = ES_{1-3} + t_{1-3} = 0 + 4 = 4$$

$$\vdots \qquad\qquad \vdots$$

$$ES_{5-6} = TE_5 = 14 \quad EF_{5-6} = ES_{5-6} + t_{5-6} = 14 + 9 = 23$$

将所得计算结果标注在箭线上方。

4. 计算各工作的最迟完成时间 LF_{i-j} 和最迟开始时间 LS_{i-j}

（1）各项工作的最迟完成时间等于其结束节点的最迟开始时间，即：

$$LF_{i-j} = TL_j$$

（2）各项工作的最迟开始时间等于其最迟结束时间减去工作持续时间，即：

$$LS_{i-j} = LF_{i-j} - t_{i-j}$$

图 5-32 中各工作的最迟完成时间 LF_{i-j} 和最迟开始时间 LS_{i-j} 计算如下，从右向左，依次计算并将计算结果标注在箭线上方。

$$LF_{5-6} = TL_6 = 24 \quad LS_{5-6} = LF_{5-6} - t_{5-6} = 24 - 9 = 15$$

$$LF_{4-6} = TL_6 = 24 \quad LS_{4-6} = LF_{4-6} - t_{4-6} = 24 - 10 = 14$$

$$\vdots \qquad\qquad \vdots$$

$$LF_{1-2} = TL_2 = 6 \quad LS_{1-2} = LF_{1-2} - t_{1-2} = 6 - 6 = 0$$

5. 计算各工作的总时差 TF_{i-j}

工作总时差等于该工作的完成节点最迟开始时间减去该工作开始节点的最早开始时间再减去工作持续时间，即：

$$TF_{i-j} = LF_{i-j} - ES_{i-j} - t_{i-j}$$

$$= LS_{i-j} - ES_{i-j}$$
$$= LF_{i-j} - EF_{i-j}$$

图 5-32 中各工作的总时差计算如下：
$$TF_{1-2} = LS_{1-2} - ES_{1-2} = 0 - 0 = 0$$
$$TF_{1-3} = LS_{1-3} - ES_{1-3} = 4 - 0 = 4$$
$$\vdots \qquad \vdots$$
$$TF_{5-6} = LS_{5-6} - ES_{5-6} = 15 - 14 = 1$$

6. 计算自由时差（局部时差）FF_{i-j}

工作自由时差等于该工作的完成节点最早开始时间减去该工作开始节点的最早开始时间，再减去该工作的持续时间，即：
$$FF_{i-j} = ES_{j-k} - ES_{i-j} - t_{i-j}$$
$$= ES_{j-k} - EF_{i-j}$$

图 5-32 中，各工作的自由时差计算如下：
$$FF_{1-2} = ES_{2-3} - EF_{1-2} = 6 - 6 = 0$$
$$FF_{1-3} = ES_{3-4} - EF_{1-3} = 6 - 4 = 2$$
$$\vdots \qquad \vdots$$
$$FF_{5-6} = TE_6 - EF_{5-6} = 24 - 23 = 1$$

7. 确定关键工作和关键线路

网络图中总时差为零的工作就是关键工作。如图 5-32 中工作①—②、②—④、④—⑥为关键工作。这些工作在计划执行中不具备机动时间。关键工作一般用双箭线或粗箭线表示。由关键工作组成的线路即为关键线路。如图 5-32 中①—②—④—⑥为关键线路。

（三）图上计算法

图上计算法是根据工作计算法或节点计算法的时间参数计算公式，在图上直接计算的一种较直观、简便的方法。

1. 计算工作的最早开始时间和最早完成时间

以起点节点为开始节点的工作，其最早开始时间一般记为 0，如图 5-33 所示的工作 1—2 和工作 1—3。

其余工作的最早开始时间可采用"沿线累加，逢圈取大"的计算方法求得。即从网络图的起点节点开始，沿每一条线路将各工作的作业时间累加起来，在每一个圆圈（节点）处取到达该点的各条线路累计时间的最大值，就是以该节点为开始节点的各工作的最早开始时间。

工作的最早完成时间等于该工作最早开始时间与本工作持续时间之和。

将计算结果标注在箭线上方各工作图例对应的位置上。如图5-33。

2. 计算工作的最迟完成时间和最迟开始时间

以终点节点为完成节点的工作，其最迟完成时间就等于计划工期，如图 5-33 所示的工作 4—6 和工作 5—6。

其余工作的最迟完成时间采用"逆线相减，逢圈取小"的计算方法求得。即从网络图

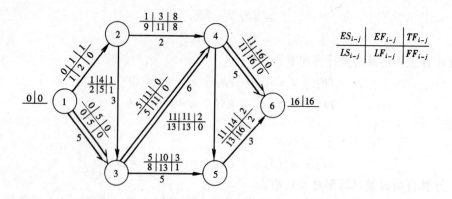

图 5-33 图上计算法

的终点节点逆着每条线路将计划工期依次减去各工作的持续时间,在每一圆圈处取后续线路累计时间的最小值,就是以该节点为完成节点的各工作的最迟完成时间。

工作的最迟开始时间等于该工作的最迟完成时间与本工作持续时间之差。

将计算结果标注在箭线上方各工作图例对应的位置上。如图 5-33。

3. 计算工作的总时差

工作的总时差可采用"迟早相减,所得之差"的计算方法。即工作的总时差等于该工作的最迟开始时间减去工作的最早开始时间,或等于该工作的最迟完成时间减去工作的最早完成时间。将计算结果标注在箭线上方各工作图例对应的位置上。如图 5-33。

4. 计算工作的自由时差

工作的自由时差等于紧后工作的最早开始时间减去本工作的最早完成时间。可在图上相应位置直接相减得到,并将计算结果标注在箭线上方各工作图例对应的位置上。如图 5-33。

5. 计算节点的最早开始时间

起点节点的最早开始时间一般记为 0,如图 5-34 所示的①节点。

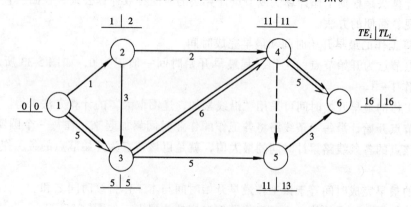

图 5-34 网络图时间参数计算

其余节点的最早开始时间也可采用"沿线累加,逢圈取大"的计算方法求得。

将计算结果标注在相应节点图例对应位置上。如图 5-34。

6. 计算节点的最迟开始时间

终点节点的最迟开始时间等于计划工期。当网络计划有规定工期时，终点节点最迟开始时间（计划工期）就等于规定工期；当没有规定工期时，终点节点最迟开始时间（计划工期）就等于终点节点的最早开始时间。其余节点的最迟开始时间也可采用"逆线相减，逢圈取小"的计算方法求得。将计算结果标注在相应节点图例对应的位置上。如图 5-34 所示。

（四）表上计算法

为了网络图的清晰和计算数据条理化，依据工作计算法和节点计算法所建立的关系式，可采用表格进行时间参数计算。

现对图 5-33 双代号网络计划列表计算。其格式如表 5-10。

网络计划时间参数计算表　　　　　　　　　　　表 5-10

节点	TE_i	TL_i	工作	T_{i-j}	ES_{i-j}	EF_{i-j}	LS_{i-j}	LF_{i-j}	TF_{i-j}	FF_{i-j}
(1)	(2)	(3)	(4)	(5)	(6)	(7)	(8)	(9)	(10)	(11)
①	0	0	1-2	1	0	1	1	2	1	0
			1-3	5	0	5	0	5	0	0
②	1	2	2-3	3	1	4	2	5	1	1
			2-4	2	1	3	9	11	8	8
③	5	5	3-4	6	5	11	5	11	0	0
			3-5	5	5	10	8	13	3	1
④	11	11	4-5	0	11	11	13	13	2	0
			4-6	5	11	16	11	16	0	0
⑤	11	13	5-6	3	11	14	13	16	2	2
⑥	16				16					

现仍以图 5-33 为例，介绍表上计算法的计算步骤。

(1) 将节点编号、工作代号及工作持续时间填入表 5-10 第（1）、(4)、(5) 栏内。

(2) 自上而下计算各节点的最早开始时间 TE_i，填入第（2）栏内。

1) 起点节点的最早开始时间为零；

2) 根据节点的内向箭线个数及工作持续时间计算其余节点的最早开始时间：

$$TE_j = \max（TE_i + t_{i-j}）$$

(3) 自下而上计算各个节点的最迟开始时间 TL_i，填入第（3）栏内。

1) 设终点节点的最迟开始时间等于其最早开始时间，即 $TL_n = TE_n$；

2) 根据各节点的外向箭线个数及工作持续时间计算其余各节点的最迟开始时间：

$$TL_i = \min（TL_j - t_{i-j}）$$

(4) 计算各工作的最早开始时间 ES_{i-j} 和最早完成时间 EF_{i-j}，分别填入第（6）和第（7）栏内。

1) 工作 $i-j$ 的最早开始时间等于其开始节点的最早开始时间，可以从第（2）栏相应节点中查出；

2) 工作 $i-j$ 的最早完成时间等于其最早开始时间加上工作持续时间，可将第（6）

栏与第（5）栏相加求得。

（5）计算各工作的最迟完成时间 LF_{i-j} 和最迟开始时间 LS_{i-j}，分别填入第（8）和第（9）栏内。

1）工作 $i-j$ 的最迟完成时间等于其完成节点的最迟开始时间，可以从第（3）栏相应的节点中查出；

2）工作 $i-j$ 的最迟开始时间等于其最迟完成时间减去工作持续时间，可将第（9）栏与第（5）栏相减求得。

（6）计算各工作的总时差 TF_{i-j}，填入第（10）栏内。

工作 $i-j$ 的总时差等于其最迟开始时间减去最早开始时间，可用第（8）栏减去第（6）栏求得。

（7）计算各工作的自由时差 FF_{i-j}，填入第（11）栏内。

工作 $i-j$ 的自由时差等于其紧后工作的最早开始时间减去本工作的最早完成时间，可用紧后工作的第（6）栏减去本工作的第（7）栏求得。

第四节　单代号网络计划时间参数的计算

一、单代号网络计划时间参数计算的公式与规定

（一）最早时间进度计算

（1）工作最早开始时间的计算应符合下列规定：

1）工作 i 的最早开始时间 ES_i 应从网络图的起点节点开始，顺着箭线方向依次逐个计算，计算的时间参数标在节点的上方。

2）起点节点的最早开始时间 ES_i 如无规定时，其值等于零，即：

$$ES_i = 0$$

3）其他工作节点的最早开始时间 ES_i 应为：

$$ES_i = \max(ES_h + t_h) = \max(EF_h)$$

式中　ES_h——工作 i 的紧前工作 h 的最早开始时间；

t_h——工作 i 的紧前工作 h 的持续时间；

EF_h——工作 i 的紧前工作 h 的最迟开始时间。

（2）工作 i 的最早完成时间 EF_i 的计算应符合下式规定：

$$EF_i = ES_i + t_i$$

（3）网络计划计算工期 T_C 的计算应符合下式规定：

$$T_C = EF_n$$

（4）网络计划的计划工期 T_P 应按下列情况分别确定：

1）当已规定了要求工期 T_r 时，

$$T_P \leqslant T_r$$

2）当未规定要求工期时，

$$T_P = T_c$$

（二）工作最迟时间进度计算

(1) 工作最迟完成时间的计算应符合下列规定：

1) 工作 i 最迟完成时间 LF_i 应从网络图的终点节点开始，逆着箭线方向依次逐项计算。当部分工作分期完成时，有关工作的最迟完成时间应从分期完成的节点开始逆向逐项计算。

2) 终点节点所代表的工作 n 的最迟完成时间 LF_n 应按网络计划的计划工期 T_P 确定，即：

$$LF_n = T_P$$

分期完成那项工作的最迟完成时间应等于分期完成的时刻。

3) 其他工作 i 的最迟完成时间 LF_i 应为：

$$LF_i = \min(LF_j - t_j) = \min(LS_j)$$

式中 LF_j——工作 i 的紧后工作 j 的最迟完成时间；

t_j——工作 i 的紧后工作 j 的持续时间；

LS_j——工作 i 的紧后工作 j 的最迟开始时间。

(2) 工作 i 的最迟开始时间的 LS_i 的计算应符合下列规定：

$$LS_i = LF_i - t_i$$

(三) 时差计算

(1) 工作总时差的计算应符合下列规定：

1) 工作 i 的总时差 TF_i 应从网络图的终点节点开始，逆着箭线方向依次逐项计算。当部分工作分期完成时，有关工作的总时差必须从分期完成的节点开始逆向逐项计算。

2) 终点节点所代表的工作 n 的总时差 TF_n 值为零，即：

$$TF_n = 0$$

3) 其他工作的总时差 TF_i 的计算应符合下列规定：

$$TF_i = LS_i - ES_i = LF_i - EF_i$$

即表示，某节点的总时差等于其最迟开始时间与最早开始时间的差，也等于其最迟完成时间与最早完成时间之差。计算时将节点左边或右边对应的参数相减即得。

(2) 工作的自由时差计算应符合下列规定：

某节点 i 的自由时差等于其紧后节点 j 最早开始时间的最小值，与本身的最早完成时间之差，即：

$$FF_i = \min(ES_j) - EF_i$$

将计算的结果标注在各节点下面圆括号内。

(四) 确定关键工作和关键线路

网络计划中机动时间最少的工作称为关键工作，因此，网络计划中工作总时差最小的的工作也就是关键工作。在计划工期等于计算工期时，总时差为零的工作就是关键工作。事件可以看成是持续时间为零的活动或工作。所以，当"开始"和"结束"的总时差为零时，也可以把它们当作关键工作来看。

从网络图的开始节点起到结束节点止，沿着箭线顺序连接各关键工作的线路称为关键线路。关键线路用粗箭线或双线箭线表示，以便实施时一目了然。

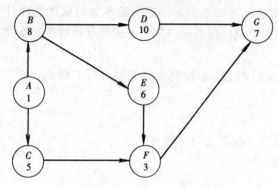

图 5-35 单代号网络计划

二、单代号网络计划时间参数计算示例

【例 4】 试计算如图 5-35 所示单代号网络计划的时间参数。

【解】 计算结果如图 5-36 所示，其计算过程如下：

1. 工作最早开始时间的计算

工作的最早开始时间从网络图起点节点开始，顺着箭线方向自左向右，依次逐个计算。因起点节点的最早开始时间未作规定，故

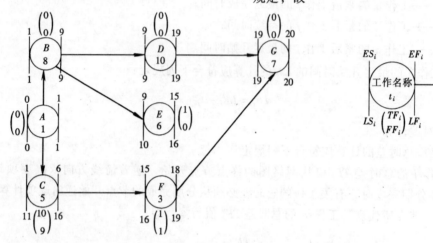

图 5-36 单代号网络计划的时间参数计算结果

$$ES_1 = 0$$

其后续工作节点最早开始时间是其紧前工作的最早开始时间与其持续时间之和，并取其最大值，计算公式如下：

$$ES_j = \max(ES_h + t_h)$$

由此而得

$$ES_2 = ES_1 + t_1 = 0 + 1 = 1$$

$$ES_3 = ES_1 + t_1 = 0 + 1 = 1$$

$$ES_4 = ES_2 + t_2 = 1 + 8 = 9$$

$$ES_5 = ES_2 + t_2 = 1 + 8 = 9$$

$$ES_6 = \max(ES_3 + t_3, ES_5 + t_5) = \max(1 + 5, 9 + 6) = 15$$

$$ES_7 = \max(ES_4 + t_4, ES_6 + t_6) = \max(9 + 10, 15 + 3) = 19$$

2. 工作最早完成时间的计算

每项工作的最早完成时间是该工作的最早开始时间与其持续时间之和，其计算公式如下：

由此而得
$$EF_i = ES_i + t_i$$
$$EF_1 = ES_1 + t_1 = 0 + 1 = 1$$
$$EF_2 = ES_2 + t_2 = 1 + 8 = 9$$
$$EF_3 = ES_3 + t_3 = 1 + 5 = 6$$
$$EF_4 = ES_4 + t_4 = 9 + 10 = 19$$
$$EF_5 = ES_5 + t_5 = 9 + 6 = 15$$
$$EF_6 = ES_6 + t_6 = 15 + 3 = 18$$
$$EF_7 = ES_7 + t_7 = 19 + 1 = 20$$

3. 网络计划的计算工期

网络计划的计算工期 T_C 按公式 $T_C = EF_n$ 计算。

由此而得
$$T_C = EF_7 = 20$$

4. 网络计划计划工期的确定

由于本计划没有要求工期,故
$$T_P = T_C = 20$$

5. 最迟完成时间的计算

最迟完成时间的计算公式如下:
$$LF_n = T_P$$

或
$$LF_i = \min(LF_j - t_j) = \min(LS_j)$$

由此而得
$$LF_7 = T_P = 20$$
$$LF_6 = \min(LF_7 - t_7) = \min(20 - 1) = 19$$
$$LF_5 = \min(LF_6 - t_6) = \min(19 - 3) = 16$$
$$LF_4 = \min(LF_7 - t_7) = \min(20 - 1) = 19$$
$$LF_3 = \min(LF_6 - t_6) = \min(19 - 3) = 16$$
$$LF_2 = \min(LF_4 - t_4, LF_5 - t_5) = \min(19 - 10, 16 - 6) = 9$$
$$LF_1 = \min(LF_2 - t_2, LF_3 - t_3) = \min(9 - 8, 16 - 5) = 1$$

6. 工作总时差的计算

总时差的计算公式如下:
$$TF_n = 0$$
$$TF_i = LS_i - ES_i$$
$$= LF_i - EF_i$$

由此而得
$$TF_7 = 0$$
$$TF_6 = LF_6 - EF_6 = 19 - 18 = 1$$
$$TF_5 = LF_5 - EF_5 = 16 - 15 = 1$$
$$TF_4 = LF_4 - EF_4 = 19 - 19 = 0$$
$$TF_3 = LF_3 - EF_3 = 16 - 6 = 10$$
$$TF_2 = LF_2 - EF_2 = 9 - 9 = 0$$

$$TF_1 = LF_1 - EF_1 = 1 - 1 = 0$$

7. 自由时差的计算

工作 i 的自由时差计算公式如下：

$$FF_i = \min(ES_j) - EF_i$$

由此而得

$$FF_7 = 0$$
$$FF_6 = \min(ES_7) - EF_6 = 19 - 18 = 1$$
$$FF_5 = \min(ES_6) - EF_5 = 15 - 15 = 0$$
$$FF_4 = \min(ES_7) - EF_4 = 19 - 19 = 0$$
$$FF_3 = \min(ES_6) - EF_3 = 15 - 6 = 9$$
$$FF_2 = \min(ES_4, ES_5) - EF_2 = \min(9,9) - 9 = 0$$
$$FF_1 = \min(ES_2, ES_3) - EF_1 = \min(1,1) - 1 = 0$$

8. 工作最迟开始时间的计算

工作 i 的最迟开始时间的计算公式如下：

$$LS_i = LF_i - t_i$$

由此可得

$$LS_7 = LF_7 - t_7 = 20 - 1 = 19$$
$$LS_6 = LF_6 - t_6 = 19 - 3 = 16$$
$$LS_5 = LF_5 - t_5 = 16 - 6 = 10$$
$$LS_4 = LF_4 - t_4 = 19 - 10 = 9$$
$$LS_3 = LF_3 - t_3 = 16 - 5 = 11$$
$$LS_2 = LF_2 - t_2 = 9 - 8 = 1$$
$$LS_1 = LF_1 - t_1 = 1 - 1 = 0$$

9. 关键工作和关键线路

根据在计划工期等于计算工期时，总时差为零的工作就是关键工作，图 5-35 的关键工作为 A、B、D、G。

网络计划中从网络图的起点节点出发到终点节点为止，沿着箭线顺序连接各关键工作的线路就是关键线路，图 5-35 的关键线路为 $A—B—D—G$。关键线路可用粗实线或双箭线来表示。

三、单代号网络图与双代号网络图的比较

(1) 单代号网络图绘制方便，不必增加虚工作。

(2) 单代号网络图具有便于说明，容易被非专业人员理解和易于修改的优点。这对于推广应用统筹法编制施工进度计划，进行全面科学的管理是非常有益的。

(3) 双代号网络图表示工程进度比单代号网络图更为形象，特别是在应用带时间坐标网络图中。

(4) 双代号网络图在应用电子计算机进行计算和优化过程更为简便，这是因为双代号网络图中用两个代号代表一项工作，可直接反映其紧后或紧前工作的关系。而单代号网络图就必须按工作逐个列出其紧前或紧后工作关系，这在计算机中需占用更多的存储单元。

由于单代号和双代号网络图有上述各自的优缺点，故两种表示方法在不同情况下，使

用时根据实际情况而定。

第五节　双代号时标网络计划

一、时标网络计划的特点

时标网络计划是以时间坐标尺度表示工作时间的网络计划。如图 5-38 是图 5-37 的时标网络计划。

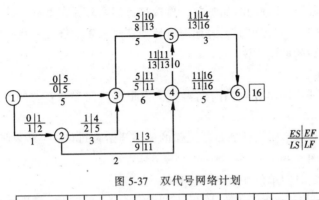

图 5-37　双代号网络计划

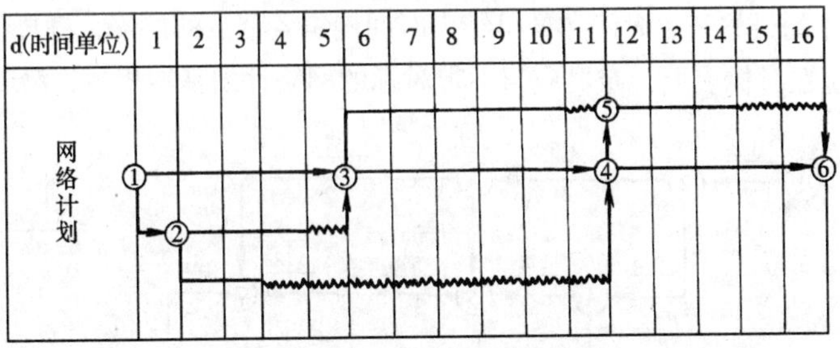

图 5-38　双代号时标网络计划

时标网络计划是一般网络计划与横道图计划的有机结合，它在横道图的基础上引入了网络计划中各施工过程之间逻辑关系的表达方法。这样既解决了横道图计划中各施工过程关系表达不明确的问题，又解决了网络计划中时间表达不直观的问题。它具有以下特点：

（1）时标网络计划中，工作箭线的长度与工作持续时间长度一致。表达施工过程比较直观，时间参数一目了然，容易理解，具有横道图计划的优点，使用方便。

（2）可以直接在时标网络计划上绘制劳动力、材料、机具等资源动态曲线，便于计划的控制与分析。

（3）可直接显示各工作的时间参数和关键线路，而不必计算。

（4）由于箭线长度受时标的制约，绘制、修改和调整不如一般网络计划方便。

（5）由于受时间坐标的限制，所以时标网络计划中不会产生闭合回路。

由于时标网络计划的上述特点，加之以往施工过程中已习惯使用横道图计划，所以在我国应用较广。

二、时标网络计划一般规定

（1）双代号时标网络计划必须以水平时间坐标为尺度表示工作时间。时标的时间单位应根据需要在编制网络计划之前确定，可为时、天、周、月等。

(2) 时间长度是以所有符号在时标表上的水平位置及其水平投影长度表示的,与其所代表的时间值相对应。

(3) 节点的中心必须对准时标的刻度线。

(4) 时标网络计划应以实箭线表示工作,以虚箭线表示虚工作,以波形线表示工作的自由时差。虚工作必须以垂直虚箭线表示,有时差时加水平波线或虚线表示。

(5) 时标网络计划必须按最早时间编制。

(6) 时标网络图编制前必须先绘制无时标网络计划。常有两种方式:

1) 先计算无时标网络计划的时间参数,再按该计划在时标表上进行绘制;

2) 不计算时间参数,直接根据无时标网络计划在时标表上进行绘制。

三、时标网络计划的绘制方法

（一）间接绘制法

间接绘制法是先计算网络计划的时间参数,再根据时间参数在时间坐标上绘制的方法。其绘制步骤如下:

(1) 先绘制双代号网络图,计算每项工作的最早开始时间和最早结束时间,确定关键工作和关键线路。见图5-39。

(2) 根据需要确定时间单位并绘制时标横轴。

(3) 根据工作的最早开始时间和最早结束时间确定各节点的位置,将每项工作的尾节点按最早开始时间定位在时标表上,布局应与不带时标的网络计划基本相当,然后进行编号。

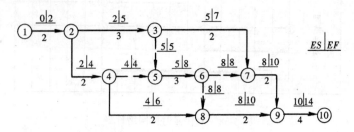

图5-39 无时标网络计划

(4) 依次在各节点间绘制出箭线及时差。绘制时宜先画关键工作、关键线路,再画非关键工作。绘制时用实线表示工作持续时间,用虚线绘制无时差的虚工作（垂直方向）,用波形线或虚线绘制工作和虚工作自由时差。如箭线长度不足以达到工作的完成节点时,用波形线补足,箭头画在波形线与节点连接处。

（二）直接绘制法

直接绘制法是不经计算网络计划时间参数,直接按无时标网络计划在时间坐标上进行绘制的方法。编制时标网络计划步骤如下:

(1) 绘制时标表。箭线的长短代表着具体的施工时间,受到时间坐标限制,其表达方式可以是直线、折线、斜线等,但布图应合理、美观、清晰。

(2) 将起始节点定位在时标表的起始刻度上,如图5-40的节点1。

(3) 工作的开始节点必须在该工作的全部紧前工作都绘出后,定位在这些紧前工作最晚完成的时间刻度上（实箭线箭头处）,如图5-40的节点5、7、8、9。

(4) 按工作持续时间在时标表上绘制起点节点的外向箭线,如图5-40的1-2。

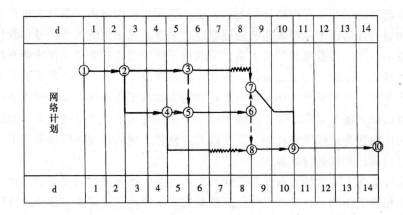

图 5-40 图 5-39 的时标网络计划

(5) 某些工作的箭线长度不足以达到其完成节点时,用波形线补足,如图 5-40 中3-7、4-8。如果虚箭线(虚工作)的开始节点和结束节点之间有水平距离时,以波形线或虚线补足,如箭线 4-5。虚工作没有持续时间,应尽可能绘制成垂直虚箭线,如 3-5、6-7、6-8。若出现虚工作占据时间的情况,其原因是工作面停歇或施工作业队组工作不连续。

(6) 用上述方法自左向右依次确定其他节点位置,直至终点节点定位,绘图完成。

(7) 给每个节点编号,编号与无时标网络计划相同。

(三) 关键线路和时间参数的确定

1. 关键线路的确定

自终点节点逆箭线方向朝起点节点观察,自始至终不出现波形线的线路为关键线路。如图 5-38 中的 1-3-4-6。

2. 工期的确定

时间网络计划的计算工期,应是其终点节点与起点节点所在位置的时标值之差。

3. 时间参数的判读

(1) 最早时间参数。按最早时间绘制的时标网络计划,每条箭线箭尾和箭头所对应的时标值应为该工作的最早开始时间和最早完成时间。

(2) 自由时差。波形线的水平投影长度即为该工作的自由时差。

(3) 总时差。自右向左进行,其值等于诸紧后工作的总时差的最小值与本工作自由时差之和。即:

$$TF_{i-j} = \min(TF_{j-k}) + FF_{i-j}$$

(4) 最迟时间参数。最迟开始时间和最迟完成时间应按下式计算:

$$LS_{i-j} = ES_{i-j} + TF_{i-j}$$

$$LF_{i-j} = EF_{i-j} + TF_{i-j}$$

第六节 搭接网络计划

一、搭接网络计划的基本概念

搭接网络计划是指单代号搭接网络计划,是综合单代号网络与搭接施工的原理,使二者有机结合起来应用的一种网络计划表示方法。工程建设中搭接关系是大量存在的，要求控制进度计划的计划图形能够表达和处理好这种关系。然而传统的单代号和双代号网络计划却只能表示两项工作首尾相接的关系，即紧前工作完成之后紧后工作才能开始，紧前工作的完成为紧后工作的开始创造条件。但是在许多情况下，紧后工作的开始并不以紧前工作的完成为条件，只要紧前工作开始一段时间能为紧后工作提供一定的开工条件之后，紧后工作就可以插入而与紧前工作平行施工。工作间这种关系称为搭接关系。表示这种搭接关系的网络计划称为搭接网络计划。这样就大大简化了网络计划，但也带来了计算工作的复杂化，应借助计算机进行计算。

例如进行某化工装置的设备安装工程，由于设备台数较多，就设备的二次搬运和现场保温这两个相邻工作而言，实际工作情况是首先二次搬运，待运来一部分设备后，就可以开始对运到现场的设备作保温处理而不是待设备全部运到现场后再作保温处理。如果某设备二次搬运需 10 天，保温需 12 天，根据工程具体情况，二次搬运 2 天后，就可以开始保温工作施工。将两工作的搭接关系分别用横道图、单代号网络图、双代号网络图表示，如图 5-41 所示。

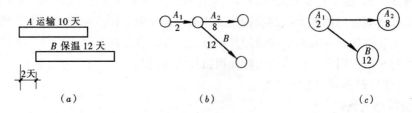

图 5-41 *A*、*B* 两工作搭接关系的表示方法
（*a*）用横道图表示；（*b*）用双代号网络图表示；（*c*）用单代号网络图表示

由图 5-41 可以看出，用网络图表示运输和保温工作的逻辑关系虽然比较清楚，但是却增加了不少节点和箭线，增加了网络计划的工作数量，给计算参数带来了麻烦。尤其反映流水施工的相互搭接施工的关系，就更加困难。

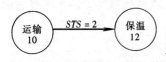

图 5-42 用搭接网络图表示运输和保温工作

为了简单直接地表达这种搭接关系，使编制网络计划得以简化，于是就出现了搭接网络计划。搭接网络计划的模型一般都采用单代号的表示方法，即以节点表示工作，以箭线和时距参数表示逻辑顺序和搭接关系。图 5-42 即为图 5-41 所示运输和保温两工作的搭接网络计划。

二、搭接关系及其表示方法

在搭接网络计划中，工作间的逻辑关系是由相邻两工作之间的不同时距决定的，时距就是紧前工作与紧后工作的先后开始或结束工作之间的时间间隔。由于相邻工作各有开始和结束时间，所以基本时距有四种情况：

（一）结束到开始（*FTS*）

表示紧前工作 i 的结束时间与紧后工作 j 的开始时间之间的时距。例如设备基础混凝土浇筑后，要养护一定时间使混凝土达到一定的强度后才能进行设备安装工作。当 $FTS = 0$ 时，就是说紧前工作 i 的结束时间等于紧后工作 j 的开始时间，这时紧前工作与紧后工作紧密衔接。当计划所有相邻工作的 $FTS = 0$ 时，整个搭接网络计划就成为前面所讲的一般单代号网络计划。所以说,一般的衔接关系只是搭接关系的一种特殊表现形式。

(二)开始到开始(STS)

表示紧前工作 i 的开始时间与紧后工作 j 的开始时间之间的时距。例如,运输开始一段时间,组装或保温工作就可以开始施工等。

(三)结束到结束(FTF)

表示紧前工作 i 的结束时间与紧后工作 j 的结束时间之间的时距。如运输工作结束一段时间之后,要求保温工作也结束等。

(四)开始到结束(STF)

表示紧前工作 i 的开始时间与紧后工作 j 的结束时间之间的时距。例如,设备吊装工程中,埋设地锚开始时间与安装卷扬机结束时间有一定的时距等。

(五)混合搭接(STS、FTF)或(STF、FTS)等

表示同时由四种基本关系搭接关系中两种以上来限制工作之间的时距。

以上搭接关系的横道图、网络图及参数之间的关系如表 5-11 所示。

搭接关系、横道图、网络图及参数之间的关系 表 5-11

搭接关系	横道图	搭接网络图	时间参数关系
FTS	(图)	(图)	$ES_j = EF_i + FTS_{ij}$ $EF_j = ES_j + t_j$ $LF_i = LS_j - FTS_{ij}$ $LS_i = LF_i - t_i$
STS	(图)	(图)	$ES_j = ES_i + STS_{ij}$ $EF_j = ES_j + t_j$ $LS_i = LS_j - STS_{ij}$ $LF_i = LS_i + t_i$
FTF	(图)	(图)	$EF_j = EF_i + FTF_{ij}$ $ES_j = EF_j - t_j$ $LF_i = LF_j - FTF_{ij}$ $LS_i = LS_i + t_i$
STF	(图)	(图)	$EF_j = ES_i + STF_{ij}$ $ES_j = EF_j - t_j$ $LS_i = LF_j - STF_{ij}$ $LF_i = LS_i + t_i$
混合搭接以 STS、FTF 为例	(图)	(图)	$ES_i + STS_{ij}$ $ES_j = \max EF_i + FTF_{ij} - t_j$ $EF_j = ES_j + t_j$ $LS_i - STS_{ij} + t_i$ $LF_i = \min LF_j - FTF_{ij}$ $LS_i = LF_i - t_i$

三、流水施工的搭接网络计划

例如,有 4 台相同的设备需要安装,以每台设备为一个流水段组织流水施工。各施工过程在各段上的持续时间为:二次搬运 4 天,现场组装 5 天,吊装找正 2 天,调试运行 3 天,流水施工横道图如图 5-43 所示。

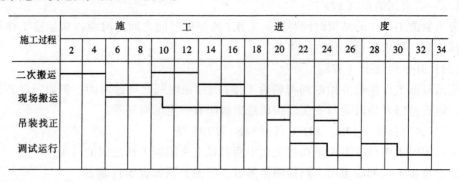

图 5-43 流水施工进度表

按照计算流水步距的公式计算流水步距 B_2、B_3、B_4 分别为 4、14、2。流水工期为:
$$T = (4+14+2) + 3 \times 4 = 32 \text{ 天}$$

若用搭接网络计划表示此流水施工,如图 5-44 所示。

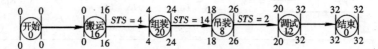

图 5-44 流水施工搭接网络计划

由此可见,用搭接网络计划来表达流水施工比较方便,且比用一般网络计划表示要简单得多。

四、搭接网络计划的工作时间参数的计算

搭接网络计划的时间参数与一般单代号网络图时间参数相同,也是最早、最迟工作时间和机动时间,其内容包括:

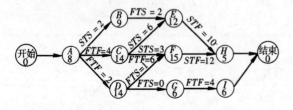

图 5-45 某工程施工搭接网络计划

最早开始时间 ES;
最早完成时间 EF;
最迟开始时间 LS;
最迟完成时间 LF;
总机动时间 TF;
自由机动时间 FF。

在搭接网络计划中由于逻辑关系决定于不同的时距,因而有不同的计算方法。现以图 5-45 为例分别进行分析计算。

(一) 最早时间进度计算

从起点开始沿着箭线向终点进行。计算结果直接标注在节点上方,如图 5-46 所示。

1. 开始节点时间参数确定

由于单代号网络图"开始"节点为虚设,所以,开始节点:

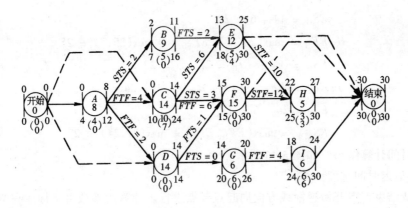

图 5-46 搭接网络计划的计算

$$ES_{开始} = 0, \quad EF_{结束} = 0$$

2. 中间节点和结束节点时间参数的确定

中间节点和结束节点的最早开始时间,取紧前节点各种时距所确定的最早开始时间的最大值;最早完成时间等于最早开始时间加上节点的持续时间。由于搭接网络计划的逻辑关系由相邻工作之间的时距确定,当利用某些时距推算得到的某工作最早开始时间出现负值时,应将此点与"开始"节点相连接,并用以上规定重新计算,以确定增加逻辑关系后的此节点最早开始时间和最早完成时间。

如图 5-46 所示,各节点的最早开始时间和最早完成时间的计算为:

$$A: ES_A = 0 \quad EF_A = 0 + 8 = 8$$
$$B: ES_B = ES_A + STS_{AB} = 0 + 2 = 2$$
$$EF_B = 2 + 9 = 11$$
$$C: EF_C = EF_A + FTF_{AB} = 8 + 4 = 12$$

C 工作的最早开始时间出现负值,表示 C 工作开始之前 2 天就应开始工作,这是不合理的。应把节点 C 与开始时间节点用虚线相连接。如图 5-46 所示增加开始节点与 C 节点的逻辑关系。再重新计算为:

$$ES_C = \max(-4, 0) = 0$$
$$EF_C = ES_C + t_C = 0 + 14 = 14$$
$$D: EF_D = EF_A + FTF_{AD} = 8 + 2 = 10$$
$$ES_D = EF_D - t_D = 10 - 14 = -4$$

同法在图 5-46 中增加开始节点到 D 节点的虚箭线,重新计算为:

$$ES_D = \max(-4, 0) = 0$$
$$EF_D = ES_D + t_D = 0 + 14 = 14$$
$$E: ES_E = \max(ES_{BE}, ES_{CE}) = \max(13, 6) = 13$$
$$EF_D = 13 + 12 = 25$$
$$F: ES_F = \max(ES_{CF}, ES_{DF}) = \max(3, 15) = 15$$
$$EF_F = 15 + 15 = 30$$
$$G: EF_G = EF_D + FTS_{DG} = 14 + 0 = 14$$

$$ES_G = 14 + 6 = 20$$
$$H: EF_H = \max(EF_{EH} + EF_{FH}) = \max(25,7) = 25$$
$$ES_H = EF_H - t_H = 27 - 5 = 22$$
$$I: EF_I = EF_G + FTF_{GI} = 20 + 4 = 24$$
$$ES_I = 24 - 6 = 18$$

结束：
$$ES_{结束} = \max(EF_H, EF_I) = \max(27,24) = 27$$

最早时间计算结果，如图 5-46 所示。

（二）最迟时间进度计算

计算从结束节点开始逆箭线方向向起点节点进行。计算的参数直接标注在节点下方。

1．结束节点时间参数的计算

当有规定时，结束节点最迟完成时间等于规定时限，当没有规定时限时，结束节点最迟完成时间等于最早完成时间。

本例无规定时限，所以
$$LF_{结束} = EF_{结束} = 30$$
$$LS_{结束} = 30 - 0 = 30$$

2．中间节点和开始节点的时间参数确定

中间节点和开始节点的最迟完成时间等于紧后各节点各种时距所确定的最迟完成时间的最小值；最迟开始时间等于最迟完成时间减去该节点的持续时间。由于搭接网络计划的逻辑关系由相邻工作之间的时距所确定，当用某些时距来推算节点最迟完成时间，出现中间节点的最迟完成时间大于结束节点的最迟完成时间时，应把节点与结束节点相连，并用以上规定重新计算。

如图 5-46 所示，各节点最迟时间进度的参数计算为：

$$I: LF_I = 30$$
$$LS_I = 30 - 6 = 24$$
$$H: LF_H = 30$$
$$LS_H = 30 - 5 = 25$$
$$G: LF_G = LG_H - FTF_{GH} = 30 - 4 = 26$$
$$LS_G = 26 - 6 = 20$$
$$F: LF_F = \min(LF_{F-H}, LF_{F-结束}) = \min(33,30) = 30$$
$$LS_F = 30 - 15 = 15$$
$$E: LF_E = LF_H - STF_{EH} + t_E = 30 - 10 + 12 = 32$$

工作 E 按 $STF_{EH} = 10$ 推算出最迟完成时间 32 大于结束节点的最迟完成时间 30，应将工作 E 与结束节点相连，如图 5-46 中它们之间的虚箭线所示。重新计算为：

$$LF_E = \min(32,30) = 30$$
$$LS_E = 30 - 12 = 18$$
$$D: LF_D = \min(14,20) = 14$$
$$LS_D = 14 - 14 = 0$$

$$C: LF_C = \min(26, 26, 24) = 24$$
$$LS_F = 24 - 14 = 10$$
$$B: LF_B = LS_E - FTS_{BE} = 18 - 2 = 16$$
$$LS_B = 16 - 9 = 7$$
$$A: LF_A = \min(13, 20, 12) = 12$$
$$LS_A = 12 - 8 = 4$$

开始：
$$LF_{开始} = \min(10, 4, 0) = 0$$
$$LS_{开始} = 0 - 0 = 0$$

全部计算结果如图 5-46 各节点下边标注的数字所示。

（三）机动时间的计算

1. 总机动时间的计算

节点总时差与一般单代号网络图相同。计算时将节点左边对应的 LS 和 ES 或右边对应的 LF 和 EF 相减即得。计算的结果如图 5-46 中各节点下面括号内上面的数字所示。

2. 自由机动时间计算

节点自由时差，是该节点在不能推迟紧后节点最早时间进度的条件下，该节点所具有的工作机动时间。搭接关系不同，其计算方法也不一样。当 i 节点后面具有多个紧后节点时或具有多种搭接关系时，其自由机动时间等于各种搭接关系所决定的自由机动时间中的最小值，并且节点自由机动时间的计算都是以最早时间进度的参数和时距为基础。计算公式如下：

$$FF_i = \min \begin{cases} ES_j - ES_i - STS_{ij} \\ EF_j - EF_i - FTF_{ij} \\ ES_j - EF_i - FTS_{ij} \\ EF_j - ES_i - STS_{ij} \end{cases}$$

图 5-46 中各节点自由机动时间计算如下：

$$A: FF_A = \min \begin{cases} ES_B - ES_A - STS_{AB} \\ EF_C - EF_A - FTF_{AC} \\ EF_D - EF_A - FTF_{AD} \end{cases} = \min \begin{cases} 2 - 0 - 2 \\ 14 - 8 - 4 \\ 14 - 8 - 2 \end{cases} = \min \begin{cases} 0 \\ 2 \\ 4 \end{cases} = 0$$

$$B: EF_B = ES_E - EF_B - FTS_{BE} = 13 - 11 - 2 = 0$$

$$C: FF_C = \min \begin{cases} ES_E - ES_C - STS_{CE} \\ EF_E - EF_C - FTF_{CF} \\ EF_F - EF_C - FTF_{CF} \end{cases} = \min \begin{cases} 13 - 0 - 6 \\ 15 - 0 - 3 \\ 30 - 14 - 6 \end{cases} = \min \begin{cases} 7 \\ 12 \\ 10 \end{cases} = 7$$

$$E: FF_E = \begin{cases} ES_{结束} - EF_E \\ EF_H - ES_E - STF_{EH} \end{cases} = \min \begin{cases} 30 - 25 \\ 27 - 13 - 10 \end{cases} = \min \begin{cases} 5 \\ 4 \end{cases} = 4$$

同法可以计算出其他节点的自由机动时间。计算结果如图 5-46 中节点下面括号中下面的数字所示。

（四）关键工作和关键线路的确定

1. 确定关键工作

与一般单代号网络图计划相同，总机动时间为零的工作为关键工作。所以，该施工搭接网络计划的关键工作有 D、F 两项工作。

2. 确定关键线路

搭接网络计划关键线路的确定原则与一般单代号网络计划一样，从开始节点到结束节点，连接总机动时间为零的工作，所组成的线路即为关键线路。该搭接网络计划的关键线路为"开始—D—F—结束"。如图 5-46 中粗箭线所示。

本 章 小 结

网络计划技术是一种科学的、先进的计划方法，它弥补了横道图不能全面而准确地反映出各项工作之间相互制约、相互依赖、相互影响的关系的缺点；解决了横道图不能反映出整个计划中主次关系即关键工作的缺点；能够在有限的资源下合理组织施工，挖掘计划的潜力，评价计划的经济指标；能够应用计算机技术，对计划进行调整、优化；能够在执行过程中进行有效的控制和监督。

本章网络计划技术主要介绍了网络图的绘制方法和原则，以及网络计划时间参数的计算方法、时标网络计划和搭接网络计划。通过对本章内容的学习，应重点掌握网络图绘制方法及时间参数的计算；掌握时标网络计划的绘制方法，了解其特点；掌握搭接网络计划的工作原理。

复 习 思 考 题

1. 什么是网络计划？同横道图计划相比具有哪些优点？
2. 什么是双代号网络图？它的绘制原则是什么？
3. 什么是单代号网络图？它的绘制原则是什么？
4. 什么是虚箭线？它在网络图中的作用是什么？
5. 什么是逻辑关系？网络计划有哪几种逻辑关系？
6. 什么是关键线路？如何确定关键线路？
7. 试述工作总时差和自由时差的含义及其计算方法？
8. 什么是搭接网络计划？如何计算其时间参数？
9. 根据表 5-12 中各施工过程的关系，绘制双代号和单代号网络图并进行节点编号。

表 5-12

施工过程	A	B	C	D	E	F	G	H
紧前工作	无	A	B	B	B	C、D	C、E	F、G
紧后工作	B	C、D、E	F、G	F	G	H	H	无

10. 根据表 5-13 中所给的资料，绘制双代号网络图，计算其工作时间参数，并按最早时间绘制时标网络图。

表 5-13

工作代号	1-2	1-3	1-4	2-4	2-5	3-4	3-6	4-5	4-7	5-7	5-9	6-7	6-8	7-8	7-9	7-10	8-10	9-10
工作持续时间（天）	5	10	12	0	14	16	13	7	11	17	9	0	8	5	13	8	14	6

11. 已知网络计划的资料如表 5-14 所示，试绘出单代号网络计划，计算其时间参数，并标明关键线路。

表 5-14

工　作	A	B	C	D	E	F
持续时间	12	10	5	7	6	4
紧前工作	—	—	—	B	B	C、D

第六章 施工组织设计

施工组织设计是施工单位为指导工程施工而编制的设计文件，是安排施工准备和组织工程施工的全面性技术、经济文件。它是建筑安装企业施工管理工作的重要组成部分，是保证按期、优质、低耗地完成建筑安装工程施工的重要措施，是实行科学管理的重要环节。

施工组织设计是一个总的概念，根据拟建工程设计阶段和规模的大小，结构特点和技术复杂程度及施工条件，应相应地编制不同范围和深度的施工组织设计。目前在实际工作中编制的施工组织设计有以下三种：

(1) 施工组织总设计：施工组织总设计是以一个建设项目或建筑群为对象，根据初步设计或扩大初步设计图纸以及其他有关资料和现场施工条件编制，用以指导整个施工现场各施工准备和组织施工活动的技术经济文件，是施工企业编制年度施工计划的依据，因涉及整个工程全局，内容比较粗略。

(2) 施工组织设计：施工组织设计是以一个单位工程为对象，当施工图纸到达以后，在单位工程开工以前对单位工程施工所作的全面安排，如确定具体的施工组织、施工方法、技术措施等。由直接施工的基层单位编制，内容较施工组织总设计详细、具体，是指导单位工程施工的技术经济文件，是施工单位编制作业计划和制定季度施工计划的重要依据。

(3) 施工方案：也称施工设计，是以一个较小的单位工程或难度较大，技术复杂的分部（分项）工程为对象，内容较施工组织设计更简明扼要，它主要围绕工程特点，对施工中的主要工作在施工方法、时间配合和空间布置等方面进行合理安排，以保证施工作业的正常进行。

施工组织总设计、施工组织设计、施工方案三者之间的关系是：前者涉及工程的整体和布局，后者是局部；前者是后者编制依据，后者是前者的深化和具体化。

第一节 设备安装工程施工组织总设计

一、施工组织总设计的作用

施工组织总设计的作用主要体现在以下几个方面：
(1) 为建设项目或建筑群的施工做出全局性的战略部署。
(2) 为确定工程设计施工方案的可行性和经济合理性提供依据。
(3) 为建设单位编制基本建设计划提供依据。
(4) 为施工企业编制施工计划和单位工程施工组织设计提供依据。
(5) 为做好施工准备工作、保证资源供应以及组织技术力量提供依据。
(6) 对施工现场平面和空间进行合理的布置，保证施工准备工作的及时性。

(7) 提出施工组织、技术、质量、安全节约等措施。

二、施工组织总设计的编制依据

为了保证施工组织总设计的编制工作顺利进行并提高质量，使设计文件能结合工程实际情况，更好地发挥施工组织总设计的作用，在编制施工组织总设计时，应具备下列编制依据：

(1) 计划文件及有关合同。包括国家批准的基本建设计划、可行性研究报告、工程项目一览表、分期分批施工项目和投资计划、主管部门的批件、施工单位上级主管部门下达的施工任务计划、招投标文件及签订的工程承包合同，工程材料和设备的订货合同等。

(2) 设计文件和有关资料。包括已批准的建设项目的初步设计和扩大初步设计或技术设计、设计说明书及总概算等。

(3) 建设地区的原始资料及工程勘察。包括建设地区地形、地质、气象、水文等自然条件；交通运输、水电供应及机械设备等技术经济条件；建设地区政治、经济文化、生活、卫生等社会生活条件。

(4) 有关上级的批示及国家现行的关于基本建设的规定，现行的关于建筑安装工程施工的规范、法规，建设所在地区颁发的关于安全、消防、环境保护等方面的要求及规定。

(5) 定额文件。如概算指标、概算定额、预算定额、劳动定额、工期定额等。

(6) 类似工程或相近项目的经验资料。

(7) 土建公司编制的该工程施工组织设计。

三、施工组织总设计的内容和编制程序

施工组织总设计的内容，根据所建工程的性质、规模、工期、结构、施工的复杂程度、施工条件及建设地区的自然条件和经济技术条件而有所不同，但都应突出"规划"和"控制"的特点。其主要内容一般应包括：工程概况、施工部署和施工方案、施工总进度计划、施工准备工作计划及各项资源需要量计划、施工总平面图、主要技术组织措施及主要技术经济指标等部分。施工组织总设计的编制程序如图6-1所示。

四、工程概况

工程概况是对整个建设项目的总说明、总分析，是一个简明扼要、突出重点的文字介绍。有时为了弥补文字介绍的不足，还可以附加建设项目设计总平面图、主要建筑、设备示意图及辅助表格。一般应包括以下内容：

(1) 工程项目、工程性质、建设地点、建设规模、总期限、分期分批投入使用的项目和工期、总占地面积、建筑面积、主要工种工程量；设备安装及其吨数；总投资、建筑安装工作量、工厂区和生活区的工作量；生产流程和工艺特点、新技术、新材料的复杂程度和应用情况。

(2) 建设地区的自然条件和技术经济条件，如气象、水文、地质和地形情况；工程的材料来源、供应情况；交通运输及其能够提供工程使用的劳动力、机械设备、水、电和生活设施等情况。

(3) 施工条件及其他内容

包括施工企业的生产能力、技术装备、管理水平、主要设备、材料和特殊物资供应情况；有关建设项目的决议、合同、协议、土地使用范围、数量和居民搬迁等情况。

(4) 上级对施工的批件。

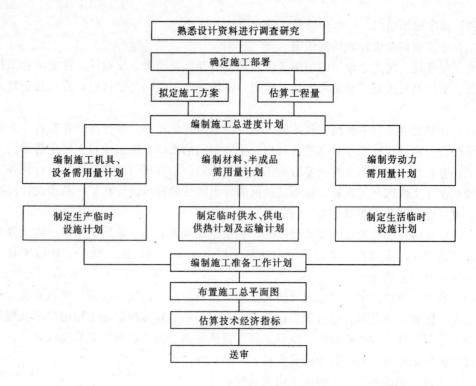

图 6-1 施工组织总设计编制程序

五、施工部署和施工方案

施工部署是对整个建设项目全局做出的统筹规划和全面安排,它主要解决影响建设全局的重大战略问题。

施工部署由于建设项目的性质、规模和客观条件的不同,其施工部署的内容和侧重点也不相同。其主要内容包括:确定工程开展程序、拟定主要工程项目施工方案、明确施工任务划分与组织安排、编制施工准备工作计划等。

(一)确定工程开展程序

确定建设项目中各项工程合理的开展程序是关系到整个建设项目能否尽快投产使用的重要问题,因此,根据建设项目总目标的要求,确定工程施工开展程序时,应主要考虑以下几点:

(1)在保证工期的前提下,实行分期分批建设,既可使具体项目迅速建成,尽早投入使用,又可在全局上实现施工的连续性和均衡性,减少暂设工程数量、降低工程成本。

(2)统筹安排各类项目施工,保证重点兼顾其他,确保工程项目按期投产。按照各工程项目的重要程序,应优先安排的工程项目是:

1)按生产工艺要求,须先期投入生产或起主导作用的工程项目;

2)工程量大、施工难度大、工期长的项目;

3)运输系统、动力系统;

4)供施工使用的工程项目。

对于建设项目中工程量小、施工难度不大、周期较短而又急于使用的辅助项目,可以考虑与主体工程相配合,作为平衡项目穿插在主体工程的施工中进行。

(3) 所有工程项目均应按照先地下、后地上；先土建、后安装；先高空、后地面；先安装设备、后进行管道、电气安装；先安装重、高、大设备，后安装一般设备；先安装干管、后安装支管；先大管、后小管；先里面、后外面的顺序。

(4) 要考虑季节对施工的影响。

(二) 拟定主要工程项目施工方案

施工组织总设计需拟定一些主要项目的施工方案。这些项目通常是建设项目中工程量大、施工难度大、工期长，对整个建设项目的完成起关键性作用的建筑物或构筑物，以及全场范围内工程量大、影响全局的特殊分项工程。拟定主要工程项目施工方案的目的是为了进行技术和资源的准备工作，同时也是为了施工顺利进行和现场的合理布局。其内容包括施工方法、施工工艺流程、施工机械设备等。

对施工方法的确定要兼顾技术工艺的先进性和工艺合理性；在各个工程上能够实现综合流水作业，减少其拆、装、运输次数；对于辅助配套机械，其性能应与主导机械相适应，以充分发挥主导施工机械的工作效率。

施工技术方案的选用是否先进、合理、经济，直接影响着工程质量、施工工期和工程成本，因此一定要在多种施工方案中进行技术经济比较，选择在技术上是先进的，能够保证工程质量、且工期合理，在成本费用上是经济的最优方案。

(三) 明确施工任务划分与组织安排

在明确施工项目管理体制、机构的条件下，划分各参与施工单位的工作任务，明确总包与分包的关系，建立施工现场统一的组织领导机构和职能部门，确定综合的、专业的施工组织，明确各施工单位之间分工与协作的关系，划分施工阶段，确定各施工单位分期分批的主导施工项目和穿插施工项目。

(四) 编制施工准备工作计划

施工准备工作的计划内容包括：

提出"三通一平"分期施工的规模、期限和任务分工；及时做好土地征用，居民拆迁及障碍物的清除工作；按照建筑总平面图做好施工现场测量控制网；了解和掌握施工图出图计划、设计意图和拟采用的新结构、新工艺、新材料、新技术，并组织进行试验和职工培训工作；编制施工组织设计和研究有关施工技术措施；暂设工程的设置；组织材料、设备、构件、加工品、机具等的申请、订货、生产和加工制作等。

六、施工总进度计划

施工总进度计划是施工现场各项施工活动在时间和空间上的体现。编制施工总进度计划是根据施工部署中的施工方案和工程项目开展的程序，对整个工地的所有工程项目在时间和空间上的安排。它是控制施工工期及各单位工程施工工期和相互搭接关系的依据；是确定建筑施工现场劳动力、材料、成品、半成品、施工机械的需要量和调配计划，以及临时设施的数量、水电供应数量和能源、交通的需要数量的依据。因此，正确地编制施工总进度计划是保证各项目以及整个建筑工程交付使用，充分发挥投资效益，降低工程成本的重要条件。

编制施工进度计划的基本要求是：保证拟建工程在规定的期限内完成；迅速发挥投资效益；保证施工的连续性和均衡性；节约施工费用。

根据施工部署中拟建工程分期分批投产顺序，将每个系统的各项工程分别找出，在控制的期限内进行各项工程的具体安排。如建设项目的规模不大，各系统工程项目不多时，也可不按分期分批投产顺序安排，而直接安排总进度计划。

施工总进度计划的内容和编制步骤如下：

（一）列出工程项目一览表并估算工程量

根据施工部署工程项目的开展程序将各项工程分别列出。施工项目的划分不宜过多过细，应突出主要项目，一般附属、辅助工程可以合并。然后估算各主要工程项目的实物工程量。这项工作可按初步（或扩大初步）设计图纸并根据定额手册进行。常用的定额有以下几种：

（1）万元、十万元投资工程量、劳动力及材料消耗扩大指标；

（2）概算指标和扩大结构定额；

（3）标准设计或已建房屋、构筑物的资料。

按上述方法计算出的工程量，应填入主要实物量一览表，见表6-1。

主要实物工程量一览表　　　　　表6-1

序号	工程分类	主要实物量名称	单位	数量	重量		主要实物量分析				备注
					单件	总计	1号车间	2号车间	3号车间	……	
一 1 2 ……	设备										
二 1 2 ……	管道										
三 1 2 ……	电气										
四 1 2 ……	仪表										
……											

（二）确定各单位工程的施工期限

影响单位工程施工期限的因素很多，主要有工程类型、结构特征、工程规模、施工方法、施工技术和施工管理水平、劳动力和材料供应情况以及施工现场的地形、地质条件等。因此各单位工程工期应根据施工现场的具体条件综合考虑各种因素并参考有关工期定额或施工合同来确定。

（三）确定各单位工程开竣工时间和相互搭接关系

在确定了各主要单位工程施工期限后，就可以进一步安排各单位工程搭接施工时间。解决这一问题时，要在满足施工部署控制工期和施工条件下，按照工程开展程序尽量使主要工种的工人及大型机械基本上连续、均衡地施工。通常考虑以下因素：

1．保证重点，兼顾一般

在安排施工进度时，要分清主次，抓住重点。而且同期进行的项目不宜过多，以免分散有限的人力物力。对于在生产或使用上有重大意义的、工程规模大、施工工期长的以及需要先配套使用或可供施工使用的单位工程，应优先安排施工。

2．要满足连续、均衡施工要求

在安排进度时，应尽量使各主要工种人员、主要施工机械设备在全工地内连续地、均衡地进行流水施工。避免出现高峰和低谷，以利于劳动力、机械的调度和原材料的供应。为实现连续、均衡施工，要留出一些后备项目，作为调节项目穿插在主要项目的流水中。

3．全面考虑各种条件限制

在确定各建筑物施工顺序时，应考虑各种客观条件限制，如施工企业的施工力量、各种原材料、机械设备的供应情况，设计单位提供图纸的时间，各年度建设投资数量，各季节对施工进度的影响等，对各项安装工程的开工时间和先后顺序予以调整。

4．要满足生产工艺要求

合理安排各个施工过程的施工顺序，以缩短施工周期，尽快发挥投资效益。

（四）编制施工总进度计划

以上各项工作完成后，即可着手编制施工总进度计划。施工总进度计划可以用横道图或网络图来表达。由于施工总进度计划只是起控制性作用，且施工条件多变，因此施工项目的划分不宜过细。当用横道图表达施工总进度计划，项目的排列可按施工总体方案所确定的工程开展程序排列。横道图上应表达出各工程项目的开竣工时间及其工作持续时间。近年来，随着网络计划技术的推广，采用网络图表达施工总进度计划，已经在工程中得到广泛应用。当用网络图计划表达总进度计划时，应优先选用有时间坐标的网络计划，它比横道图更直观、明了，还可以表达出各项目之间的逻辑关系，便于对进度计划进行调整、优化。

（五）总进度计划的调整与修正

施工总进度计划表绘制完成后，将同一时期各项工程的工作量加在一起，用一定的比例画在施工总进度计划的底部，即可得出建设项目工作量动态曲线。若曲线上存在较大高峰和低谷，则表明在该时间内各种资源的需求变化较大，需要调整一些单位工程的施工速度或开竣工时间，以便清除高峰和低谷，使各个时期的工作量尽可能达到均衡。

七、施工准备工作计划及各项资源需要量计划

（一）施工准备工作计划

按照施工部署和施工方案的要求，为保证施工总进度计划能按期实现，应编制好施工项目全场性的施工准备工作计划，格式见表6-2。其主要内容包括：

(1) 现场区域内的测量工作，设置永久性测量标志，为放线定位做好准备。

(2) 场内外运输、施工用主干道、水电汽来源及其引入方案。

(3) 平整场地及生产和生活基地设施。

(4) 建筑材料、成品、半成品的货源和运输、储存方式。

(5) 编制新技术、新材料、新工艺、新结构的试验计划和职工技术培训计划。

(6) 冬、雨期施工所需的特殊准备工作。

施工准备工作计划　　　　　　　　　　　　表 6-2

序号	施工准备项目	内容	负责单位	负责人	起止时间		备注

（二）各种资源需要量计划

各项资源需要量计划是做好劳动力的供应、平衡、调度、落实的依据，其内容包括：

1. 劳动力需要量计划

劳动力需要量计划是规划暂设工程和组织劳动力进场的依据。编制时首先根据工程量汇总表中分别列出的主要实物工程量，查施工定额或有关资料，得到各主要工种的劳动量，再根据施工总进度计划表中各单位工程各工种的持续时间，即可得到某单位工程在某段时间内的平均劳动力数。按同样方法可计算出各单位工程各主要工种在各个时期的平均工人数。将施工总进度计划表纵坐标方向上各单位工程同工种的人数叠加在一起并连成一条曲线，即为某工种的劳动力动态曲线图。其他工种也用同样方法绘成曲线图，从而根据劳动力曲线图列出主要工种劳动力需要量计划表，如表 6-3 所示。

劳动力需要量计划表　　　　　　　　　　　　表 6-3

序号	工程品种	劳动量	施工高峰人数	××年				××年				现有人数	多余或不足

2. 材料、构件及半成品需要量计划

根据工程量汇总表所列出的各工程项目的工程量，查定额或有关资料，便可得出各工程项目所需的材料、构件和半成品的需要量。然后根据施工总进度计划表，估算出某些材料、构件和半成品在某一时间内的需用量，从而编制出材料、构件和半成品的需要量计划，如表 6-4、表 6-5 所示。这是材料供应部门和有关加工厂准备所需的材料、构件和半成品并及时供应的依据。

主要材料需要量计划　　　　　　　　　　　　表 6-4

序号	材料名称	规格	单位	数量	需要量进度表			
					年（季度）		年	

主要构件、半成品需要量计划　　　　　　　　　表 6-5

序号	名称	规格	图号	需用量		使用部位	加工单位	供应日期	备注
				单位	数量				

3. 主要机具设备需要量计划

根据施工部署与施工方案、施工总进度计划、主要材料及构配件的运输计划，选定施工机具设备并计算其需用量，汇总并编制主要机具需要量计划，如表 6-6 所示。

主要机具设备需要量计划　　　　　　　　　表 6-6

序号	机具设备名称	型号规格	电动机功率	需用量		来源	使用时间	备注
				单位	数量			

4. 大型临时设施建设计划

本着尽量利用已有或拟建工程为施工服务的原则，根据施工部署与施工方案资源需要量计划以及临时设施参考指数，按照表 6-7 的格式确定临时设施建设计划。

大型临时设施计划　　　　　　　　　表 6-7

序号	项目名称	需用量		利用现有建筑	利用拟建永久工程	新建	单价（元/m²）	造价（万元）	占地（m²）	修建时间	备注
		单位	数量								

八、全场性暂设工程

为满足工程项目施工需要,在工程正式开工之前,要按照工程项目施工准备工作计划的要求,建造相应的暂设工程,为工程项目创造良好的施工环境。暂设工程的类型和规模因工程而异,主要有附属生产加工厂、仓库、行政及生活福利设施、运输设施、施工供水、供电设施及管线等。

(一) 安装工地附属生产企业

设备安装工程施工现场的附属生产企业,按工程的需要而设置,一般设备安装工程,在企业设有定点加工厂,在施工现场只设置一些满足施工需要的车间或作业工棚即可。只有大型或远离市区的工程建设项目,才设置一些与施工相适应的机修厂或加工厂等。

(二) 安装工地仓库的设置

1. 仓库类型

(1) 转运仓库:设置在车站、码头或专用卸货场,用来转运货物的仓库;

(2) 中心仓库:设置在现场附近或区域中心,用来贮存整个建筑工地所需材料及需要整理配套的材料或设备等的仓库;

(3) 现场仓库:设置在施工现场,专为某项工程服务的仓库;

(4) 加工厂仓库:专供某加工厂贮存原材料、工具和已加工的半成品或构件的仓库。

各类仓库应按贮存材料、工具或设备的性质和贵重程度,采用露天堆放、库棚和封闭式库房三种方式。大型设备和部件一般应从转运仓库直接运往组装、焊接或拼装现场,以减少施工中的二次搬运。

2. 仓库贮存量的确定

仓库贮存量的多少应按施工总进度计划的要求和货源供应计划确定。既要保证施工顺利进行,又不宜贮存过多,加大仓库面积,积压流动资金。一般施工场地狭小的应储备少些,材料货源较远或受运输条件影响较大的应储存多些。对经常和连续使用的贮存量可按储备期计算:

$$P = K_1 T_e Q / T$$

式中　P——材料储存量;

　　　K_1——储备系数。一般对型钢、钢丝绳、电缆和一些用量小、不经常使用的材料等取 0.3 ~ 0.4;对管材、暖气片、五金杂品、化工油漆、危险品取 0.2 ~ 0.3;特殊材料用材根据具体情况而定;

　　　T_e——储备天数,查有关定额、手册;

　　　Q——材料、半成品的总需量;

　　　T——有关项目的施工工作日。

3. 仓库面积的确定

(1) 按材料储备期计算:

$$A = P / (K \cdot q)$$

式中　A——仓库面积,m^2;

　　　P——仓库材料储备量;

　　　K——仓库面积有效利用系数(考虑人行道和车行道所占面积,见表 6-8);

　　　q——每 $1m^2$ 仓库面积能存放的材料、半成品的数量。

计算仓库面积的有关系数　　　　　　　表 6-8

序号	材料及半成品	单位	储备天数 T_e	每平方米贮存定额 q	有效利用系数 K	仓库类别	堆放高度（m）	备注
1	水泥	t	30~60	1.5~2	0.65	封闭	1.5~2	
2	型材钢板	t	45	1.5~2	0.4	露天	0.8~2	
3	卷材	卷	30	15~24	0.8	库棚	1.8	
4	钢结构	t	30	0.4	0.6	露天	2	
5	机电设备	台	30	按实际定	0.8	库棚	1.5~2	
6	铁件	t	20	0.9~1.5	0.8	库棚	1.5	
7	各种劳保用品	件		250	0.8	库	2	

（2）按系数计算：

$$A = \varphi \cdot m$$

式中　A——仓库面积；

　　　φ——计算系数，见表 6-9；

　　　m——计算基数，见表 6-9。

按系数计算仓库面积参考资料　　　　　　　表 6-9

序号	仓库名称	计算基数 m	单位	系数 φ
1	仓库（综合）	按年平均全员人数（工地）	m²/人	0.7~0.8
2	水泥库	按当年水泥用量的 0.4~0.5	m²/t	0.7
3	其他仓库	按当年工作量	m²/万元	2~3
4	五金杂品库	按年建筑安装工作量	m²/万元	0.2~0.3
5	水暖器材库	按年建筑面积	m²/100m²	0.2~0.4
6	电器器材库	按年在建筑面积	m²/100m²	0.3~0.5
7	化工油漆危险品库	按年建筑安装工作量	m²/万元	0.1~0.15
8	工具库	按年建筑安装工作量	m²/万元	0.5~1

4．仓库的布置

应尽量利用永久性仓库为现场施工服务。施工用仓库应接近使用地点，位于平坦、宽敞、交通方便的地方，并有一定的装卸前线，其设置应符合技术和安全方面的规定，仓库的位置应是材料运输费用最少的位置。

（三）行政及生活利用建筑

安装工地行政及生活利用的面积主要取决于施工现场的人数。确定工地人员数量可按全员劳动生产率估算：

$$职工人数 = \frac{自行完成安装工程量（元）}{本企业全员劳动生产率（元/人）}$$

最后按实际使用人数确定建筑面积：

$$S = N \cdot P$$

式中　S——建筑面积，m²；

　　　N——人数；

　　　P——建筑面积指标，见表 6-10。

行政、生活福利临时建筑面积参考指标（m²/人）　　　表6-10

序号	临时房屋名称	指标使用方法	参考指标	序号	临时房屋名称	指标使用方法	参考指标
一	办公室	按干部人数	3~4	3	单层床		3.5~4
二	宿舍	按高峰年（季）平均职工人数（扣除不在工地住宿人数）	2.5~3.5	三	家属宿舍		16~25m²/户
1	单层通铺		2.5~3				
2	双层床		2.0~2.5	四	食堂	按高峰年平均职工人数	0.5~0.8

计算出所需面积后，应尽量利用已有建筑，不足时再修建。修建的临时建筑物，应根据当地气候、工期长短确定结构形式，并遵循经济、适用、拆装方便的原则。

（四）安装工地的运输组织

1．运输量的确定

安装工地的运输业务通常由施工单位负责。运输总量按工程的实际需要来确定。同时还考虑每日的最大运输量以及各种运输工具的最大运输密度。每日货运量可用下式计算：

$$q = \Sigma Q_i \cdot L_i \cdot K / T$$

式中　q——日货运量；

　　　Q_i——各种货物需要量；

　　　L_i——各种货物从发货地点到储存地点的距离；

　　　K——运输工作不均衡系数，汽车运输取1.2，铁路运输取1.5，设备搬运取1.5~1.8；

　　　T——年度运输工作日数。

2．运输方式的选择及运输工具需用量的计算

安装工地的运输方式主要有铁路运输、公路运输、水路运输和特种运输等。选择运输方式必须考虑各种因素的影响，如材料的性质、运输量的大小、超重、超高、超大、超宽设备及构件的形状尺寸、运距和期限、现有机械设备、利用永久性道路的可能性、现场及场外道路的地形、地质及水文等自然条件。

运输方式确定后，就可以计算运输工具的需要量。每工和班内所需的运输工具数量可用下式计算：

$$n = q / (c \cdot b \cdot k_1)$$

式中　n——运输工具数量；

　　　q——每日货运量；

　　　c——运输工具的台班生产率；

　　　b——每日的工作班次；

　　　k_1——运输工具使用不均衡系数，汽车可取0.6~0.8。

（五）安装工地供水组织

安装工程往往在土建工程施工具有一定基础后才开始施工，土建工程设置的临时设施应尽量利用，不足的才予以设置。安装工地的用水包括生产、生活和消防用水三方面。临时供水设计，首先应决定需水量，其次选择水源，最后对配水管网进行设计，必要时应设计水箱、水池等取水、净水和储水构筑物。

1. 计算需水量

生产用水包括工程施工用水、施工机械用水。生活用水包括施工现场生活用水和生活区生活用水。

(1) 工程施工用水量：

$$q_1 = K_1 \cdot \Sigma (Q_1 \cdot N_1 \cdot K_2) / (8 \cdot 3600 \cdot T_1 \cdot b)$$

式中 q_1——施工工程用水量，L/s；

K_1——未预见的施工用水系数（1.05~1.15）；

Q_1——年（季）度工程量（以实物计量单位表示）；

N_1——施工用水定额；

K_2——用水不均衡系数；

b——每天工作班次；

T_1——年（季）度工程量（以实物量计量单位表示）。

(2) 施工机械用水量：

$$q_2 = K_1 \Sigma Q_2 \cdot N_2 \cdot K_3 / (8 \cdot 3600)$$

式中 q_2——施工机械用水量，L/s；

K_1——未预见施工用水系数（1.05~1.15）；

Q_2——同种机械台数；

N_2——施工机械用水定额，见表6-11；

K_3——施工机械用水不均衡系数，见表6-12；

施工机械用水参考定额　　　　　　　　　　　表6-11

序号	用水对象	单位	耗水量 N_1, N_2 (L)	备注
1	现浇混凝土全部用水	m³	2000~2400	
2	工业管道工程	m	35	
3	内燃起重机	t·台班	15~18	以起重量 t
4	内燃挖土机	m³·台班	200~30	以斗容量 m³ 计
5	拖拉机	台班	400	
6	汽车	台班	400~700	
7	空气压缩机	m³/min 台班	40~80	以压缩空气 m³/min
8	内燃机动力装置（直流水）	马力·台班	120~300	
9	内燃机动力装置（循环水）	马力·台班	25~40	
10	蒸汽锅炉	t·h	1000	小时蒸发量
11	点焊机	t	100~300	
12	冷拔机	h	300	

施工用水不均衡系数　　　　　　　　　　　表6-12

	用水名称	系数		用水名称	系数
K_2	施工工程用水 生产企业用水	1.5 1.25	K_4	施工现场生活用水	1.3~1.5
K_3	施工机械、运输机械 动力设备	2.00 1.05~1.10	K_5	居民区生活用水	2.00~2.5

(3) 现场生活用水量：

$$q_3 = P_1 \cdot N_3 \cdot K_4 / (b \cdot 8 \cdot 3600)$$

式中　q_3——施工现场生活用水量，L/s；

　　　P_1——施工现场高峰生活人数；

　　　N_3——施工现场生活用水定额，一般取 20~60L/（人·班）；

　　　K_4——施工现场生活用水不均衡系数，见表 6-12；

　　　b——每天工作班次。

(4) 生活区生活用水量：

$$q_4 = P_2 \cdot N_4 \cdot K_5 / (24 \cdot 3600)$$

式中　q_4——生活区生活用水量，L/s；

　　　P_2——生活区居民人数；

　　　N_4——生活区昼夜全部用水定额，一般取 100~120L/（人·昼夜）；

　　　K_5——生活区用水不均衡系数，见表 6-12。

(5) 消防用水量：

q_5——消防用水量，见表 6-13。

消防用水量　表 6-13

序号	用水名称	火灾同时发生次数	单位	用水量	序号	用水名称	火灾同时发生次数	单位	用水量
	居民区消防用水 500 人以内 1000 人以内 2500 人以内	一次 二次 三次	L/s L/s L/s	10 10~15 15~20		施工现场消防用水 施工现场在 25 公顷以内 每增加 25 公顷递增	一次 一次	L/s L/s	10~15 5

(6) 总用水量 Q：

1) 当 $(q_1 + q_2 + q_3 + q_4) \leq q_5$ 时，则

$$Q = 1/2(q_1 + q_2 + q_3 + q_4 + q_5)$$

2) 当 $(q_1 + q_2 + q_3 + q_4) > q_5$ 时，则

$$Q = q_1 + q_2 + q_3 + q_4$$

3) 当工地面积小于 5 公顷，并且 $(q_1 + q_2 + q_3 + q_4) < q_5$ 时，则

$$Q = q_5$$

最后计算的总用水量，还应增加 10%，以补偿不可避免的水管渗漏损失。

$$Q_总 = 1.1Q$$

2. 临时供水管网的布置及管径的确定

安装工地的水源，一般可从已有的给水管网中获得，当没有给水系统时，临时给水系统的设计应与永久性给水系统相结合，应尽量先布置永久性给水管网，再考虑施工临时给水管网的设置。

（六）工地供电组织

工地临时供电组织包括：计算总用电量，选择电源，确定变压器，确定导线截面并布置配电线路。

1. 计算总用电

施工现场用电量大体上可分为动力用电和照明用电两类。

动力用电量计算如下：

$$P_{动} = 1.1\left(K_1 \Sigma P_1/\cos\varphi + K_2 \Sigma P_2\right)$$

式中　$P_{动}$——施工机械和动力设备总需要容量，kVA；

　　　P_1——电动机额定功率，kW；

　　　P_2——电焊机定额容量，kVA；

　　　$\cos\varphi$——电动机平均功率因数，一般取 0.65~0.75；

　　　K_1、K_2——需要系数，见表6-14。

需要系数（K值）　　　　　　　表6-14

用电名称	数量	需要系数		用电名称	数量	需要系数	
		K	数值			K	数值
电动机	3~10台 11~30台 30台以上	K_1	0.7 0.6 0.5	电焊机	3~10台 10台以上	K_2	0.6 0.5

照明用电量计算如下：

$$P_{照} = K_3 \Sigma P_{面积} + K_4 \Sigma P_4$$

式中　$P_{照}$——室内外照明总需要容量，kW；

　　　P_3——室内照明容量，kW；

　　　P_4——室外照明容量，kW；

　　　K_3——需要系数，取0.8；

　　　K_4——需要系数，取1.0。

施工现场总用电量

$$P = P_{照} + P_{动}$$

通常照明用电比动力用电少的多，所以一般计算时不专门考虑，只需在动力用电 $P_{动}$ 上再增加10%。即 $P = 1.1 P_{动}$

2. 选择电源和变压器

(1) 利用建筑中的永久配电装置；

(2) 使用就近原有变压器；

(3) 利用附近电网，设置临时变压器；

(4) 设临时发电装置。

如果自己确定电源位置时，应注意：尽量设在负荷中心；尽量靠近高压电源；配电变压器为380V时，供电半径不大于700m；电源位置应有利于运输和安装工作，并设在能避免强烈振动和空气污染处。

选择变压器的原则：

(1) 变压器的容量应满足负荷视在功率的需要：

$$P = 1.1 \Sigma P_{\max}/\cos\varphi$$

式中　P——变压器输出功率，kVA；

　　　1.1——线路损失；

　　　ΣP_{max}——各施工区最大计算负荷，kW；

　　　$\cos\varphi$——功率因数。

(2) 原、副绕组额定电压必须与当地电源的高压和负荷需要恰当配合。

按上述原则，从变压器产品目录中，选择适当的配电变压器，且应使 $P_{额} \geq P_0$。

3. 配电线路和导线截面选择

线路应尽量架设在道路的一侧，尽量选择平坦路线，保持线路水平，以免电杆受力不均；线路距建筑水平距离应大于 6m；分支线及引出线均应由电杆处引出。

施工用电的配电箱要设置在便于操作的地方，以防一旦发生故障，便能迅速拉闸，配电箱顶要用油毡和镀锌薄钢板铺盖，以防雨淋。各种用电机械必须单机单闸，绝对不能一闸多用，刀闸的容量要根据最高负荷选用。

选择配电导线时，应着重考虑导线的型号与截面尺寸。导线截面选择要满足：允许电流、允许电压损耗和机械强度三方面的要求。

(1) 按允许电流选择：

由于负载电流通过导线时会发热，使导线温度升高、损坏绝缘，甚至引起火灾，因此规定了不同材料的导线的允许载流量，在这个范围内运行，温度不致超过允许值，即：

$$I \leqslant I_n$$

式中　I_n——不同截面导线长期允许电流，A，查电工手册；

　　　I——根据计算负荷求出的总计算电流量，其值为：

三相四线制　　　　　　　　$I = P/(1.732V\cos\varphi)$

单相二线制　　　　　　　　$I = P/V\cos\varphi$

式中　P——功率，W；

　　　V——电压，V；

　　　$\cos\varphi$——功率因数，临时电网取 0.7~0.75。

(2) 按允许电压降选择：

沿线路输送电能时，由于线路存在阻抗，而产生电压损耗。如果电压损耗超过了允许值，就要增大导线截面，由于输送功率的距离一定时，截面增大，损耗减小，配电导线的截面用下式来计算：

$$S = \Sigma P \cdot L / (C \cdot \varepsilon)$$

式中　S——导线截面积，mm²；

　　　ΣP——各负荷电功率的总和，kW；

　　　C——电压损耗计算系数，可查电工手册；

　　　L——送电线路的距离，m；

　　　ε——容许的相对电压降（即线路的电压损失百分比 $\varepsilon = \Delta V/V \cdot 100\%$），可查电工手册，照明电路中容许电压降不应超过 2.5%~5%。

(3) 按机械强度确定：

要求导线能承受一定的拉力，使导线不致因本身的重量及受风、雨、冰、雪等影响而折断。架空线截面有一个符合机械强度所允许的最小截面，见电工手册。铝线最小截面为

$10mm^2$。

所选截面应同时满足以上三方面的要求,即以求得三个截面中最大者为准,从导线的产品目录中选用线芯。对于动力线路,通常先根据负荷电流大小选择导线截面,然后再根据电压损失和机械强度来检验。

九、设计施工总平面图

施工总平面图是拟建项目施工场地的总布置图。它按照施工方案和施工进度的要求,对施工现场的道路交通、材料仓库、附属企业、临时房屋、临时水电管线等作出合理的规划布置,从而正确处理工地施工期间所需各项设施和永久建筑以及工程之间的空间关系和平面关系。

(一)施工总平面图设计的内容

(1) 建设项目施工总平面图上一切地上、地下已有的和拟建的建筑物、构筑物以及其他设施的位置和尺寸。

(2) 一切为施工服务的临时设施的布置位置,包括:施工用地范围,施工用各种道路,加工厂及各种材料、半成品、构配件的仓库和主要堆放场的位置,取土弃土的位置,行政管理用房和文化生活设施,临时供排水系统、供电系统及各种管线、机械站,车库及一切安全、消防设施的位置。

(3) 永久性测量放线标桩位置。

(二)施工总平面图设计的原则

(1) 尽量减少施工用地,少占农田,使平面布置紧凑合理。

(2) 合理组织运输、减少运输费用,保证运输方便通畅,尽量减少二次搬运。

(3) 施工区域的划分和场地的确定,应符合施工流程要求,尽量减少专业工种和各工种之间的干扰。

(4) 临时设施工程在满足使用的前提下,充分利用各种永久性建筑物、构筑物,尽量利用已有材料、多用装拆式结构,节约临时设施费用。

(5) 各种临时设施应便于生产和生活需要。

(6) 满足安全消防、环境保护、劳动保护、市容卫生等有关规定和法规。

(三)施工总平面图设计的依据

(1) 各种设计资料。包括建筑总平面图、施工图、地形图、区域规划图、有关的一切已有和拟建成的各种设施位置。

(2) 建设地区的自然条件和技术经济条件。

(3) 土建工程的施工总平面图。

(4) 建设项目的概况、施工布署、施工总进度计划。

(5) 各种建筑材料、半成品、构件、施工机械需要量一览表。

(6) 各种构件加工厂、仓库及其他临时设施的情况。

(四)设备安装工程施工总平面图绘制程序

(1) 确定施工现场范围,计算绘图比例。

(2) 给出已有和拟建建筑物、构筑物及设施位置。

(3) 引入场外的交通运输道路,布置工地运输道路。

(4) 确定机械站、车库、仓库、堆场、生产加工厂的位置。

(5) 布置设备拼装场地。
(6) 确定行政和生活建筑位置。
(7) 布置水、电、气设施及管线。
(8) 布置防火及安全设施位置。
(9) 计算主要技术经济指标。
(10) 审批。

施工现场是一个变化的动态系统，设计的施工总平面图具有阶段性，所以大型工程施工中，应根据工程的规模和复杂程度，定期对前段施工总平面进行修正、补充，使之达到指导现场施工的目的。

十、主要技术经济指标估算

施工组织总设计编制完成后，尚需其技术经济分析评价，以便进行方案改进或多方案选择。一般常用的主要技术指标有以下几项：

(1) 施工工期。即按施工组织总设计安排的施工总期限。
(2) 全员劳动生产率。可按下式计算。

建筑安装企业全员劳动生产率（元/人·年）＝（全年完成的建筑安装工作量）/（全部在册职工数－非生产人员平均数＋合同工、临时工人数）

(3) 劳动力不均衡系数。即施工高峰人数和施工期平均人数之比。
(4) 临时工程费用比：

临时工程费用比 ＝（全部临时工程费用）/（建筑安装工程总值）

(5) 综合机械化程度：

综合机械化程度 ＝（机械化施工完成的工作量）/（总工作量）× 100%

第二节 单位工程施工组织设计的编制程序和内容

单位工程施工组织设计是以单位工程为对象，是建筑施工企业组织和指导单位工程施工全过程各项活动的技术、经济文件。它是基层施工单位编制季度、月度施工作业计划、分部分项工程施工设计及劳动力、材料、机具等供应计划的主要依据。单位工程施工组织设计是由施工承包单位的工程项目经理部编制的。它必须在工程开工前编制完成，以作为工程施工技术资料准备的重要内容和关键成果，并应经该工程监理单位的总监理工程师批准方可实施。是施工前的一项重要准备工作，也是施工企业实现生产科学管理的重要手段。

一、单位工程施工组织设计的编制依据

(1) 主管部门的批示文件及建设单位的有关要求。
(2) 施工图纸及设计单位对施工的要求。其中包括：单位工程的全部施工图纸，会审纪录和标准图等有关的设计资料，设备安装对土建施工的要求以及设计单位对新结构、新材料、新技术和新工艺的要求。
(3) 施工企业年度施工计划。包括对该工程的安排和工期的规定以及其他项目穿插施工的要求等。
(4) 施工组织总设计对该工程的安排和规定。

(5) 工程预算文件和有关定额。应有详细的分部分项工程量，必要时应有分层、分段、分部位的工程量，使用的预算定额和施工定额。

(6) 建设单位对工程施工可能提供的条件。如供水、供电、供热的情况及可借用作为临时办公、仓库、宿舍的施工用房等。

(7) 施工现场条件及勘察资料。如高程、地形、地质、水文、气象、交通运输、现场障碍等情况以及工程地质勘察报告。

(8) 有关的规范、规程和标准。如安装工程施工及验收规范、安装工程质量检验评定标准、安装工程技术操作规程等。

二、单位工程施工组织设计的内容

单位工程施工组织设计，根据工程性质、规模、结构特点和施工条件，其内容和深广度的要求不同。一般应包括下述各项内容：

(1) 工程概况。主要包括工程建设概况、建筑结构设计概况、施工特点分析和施工条件等内容。

(2) 施工方案和施工方法。主要确定各分部分项工程的施工顺序、施工方法和选择适用的施工机械、制定主要技术组织措施。

(3) 施工进度计划。主要包括确定各分部分项工程名称、计算工程量、计算劳动量和机械台班量、计算工作延续时间、确定施工班组人员及安排施工进度，编制施工准备工作计划及劳动力、主要材料、预制构件、施工机具需要量计划等内容。

(4) 施工准备工作及各项资源需要量计划。主要包括确定施工机械、临时设施、材料及预制件堆场布置，运输道路布置、临时供水、供电管线的布置等内容。

(5) 施工平面图。

(6) 主要技术组织措施。

(7) 主要技术经济指标。主要包括工期指标、工程质量指标、安全指标、降低成本指标等内容。

对小型的单位设备安装工程，其施工组织设计可以编得简单一些，称"施工方案"设计，其内容一般为：施工方案、施工进度和施工平面图，辅以简明扼要的文字说明。

三、单位工程施工组织设计的编制程序

单位工程施工组织设计的编制程序，是指单位工程施工组织设计各个组成部分形成的先后次序以及相互之间的制约关系。单位工程施工组织设计的编制程序如图6-2所示。

四、工程概况

工程概况是对拟建工程的工程特点、地点特征和施工条件等所做的一个简要、突出重点的文字介绍。为弥补文字叙述的不足，一般附有拟建工程简单图表。

(一) 工程概述

主要说明工程名称、性质、用途，建设单位、设计单位、施工单位，资金来源，工程投资额，开竣工日期，施工图纸情况，施工合同，主管部门的有关文件或要求等。

(二) 工程特点

主要说明拟建工程的建筑面积、平面形状及外形尺寸；主要工种工程的情况和实物工程量；交付建设单位使用或投产的先后顺序和期限；主体结构的类型、安装位置、主要设备的生产工艺要求等。对采用新材料、新工艺、新技术、施工难度大、要求高的项目应重

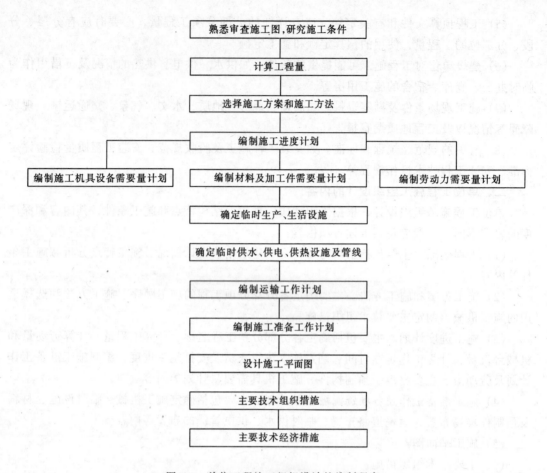

图 6-2 单位工程施工组织设计的编制程序

点说明。

(三) 建设地点的特征

主要说明拟建工程的位置、地形、工程地质与水文地质条件,地下水位、水质、气温,雨季时间、冰冻期间与冻结层深度,主导风向、风力和地震强度等。

(四) 施工条件

主要说明施工现场供水、供电、道路交通、场地平整和障碍物迁移情况;主要材料、半成品、设备供应情况;施工企业机械、设备、劳动力落实情况;内部承包方式、劳动组织形式及施工水平等。

五、施工方案和施工方法

单位设备安装工程施工设计的核心是合理选择施工技术方案,它包括确定施工流向和确定设备运输及装卸方法、现场组装与焊接方法、吊装与检测方法、调整与试车方法、选择施工机械设备、施工方案的技术经济分析等内容。

(一) 确定施工流向

确定施工流向(流水方向)主要解决施工项目在平面上、空间上的施工顺序,是指导现场施工的主要环节。确定单位工程施工流向时,主要考虑下列因素:

(1) 车间的生产工艺流程,往往是确定施工流向的关键因素。因此,从生产工艺上考虑，凡影响其他工段试车投产的工段应先施工。

（2）根据施工单位的要求，对生产上或使用上要求急的工程项目，应先安排施工。

（3）技术复杂、施工进度较慢、工期较长的工段或部位先施工。

（4）满足选用的施工方法、施工机械和施工技术的要求。

（5）施工流水在平面上或空间上展开时，要符合工程质量和安全的要求。

（6）确定的施工流向不能与材料、构件的运输方向发生冲突。

（二）确定施工顺序

施工顺序是指单位工程中，各分项工程或工序之间进行施工的先后次序。它主要解决工序间在时间上的搭接问题，以充分利用空间、争取时间、缩短工期为主要目的。单位工程施工中应遵循的程序一般是：

（1）先地下、后地上。地下埋设的管道、电缆等工程应首先完成，对地下工程也应按先深后浅的程序进行，以免造成施工返工或对上部工程的干扰。

（2）先土建、后安装。不论是工业建筑还是民用建筑，一般土建施工应先于水暖电等建筑安装工程的施工。

（3）先安装主体设备，后安装配套设备；先安装重、高、大型设备，后安装中、小型设备；设备、工艺管线交叉作业；边安装设备，边单机试车。

（4）对于重型工业厂房，一般先安装工艺设备，后建设厂房或设备安装与土建施工同时进行，如冶金车间、发电厂的主厂房等。

确定分部分项工程的施工顺序的要求：

（1）符合各施工过程间存在一定的工艺顺序关系。在确定施工顺序时，使施工顺序满足工艺要求。

（2）符合施工方法和所用施工机械的要求。确定的施工顺序必须与采用的施工方法、选择的施工机械一致，充分利用机械效率提高施工速度。

（3）符合施工组织的要求。当施工顺序有几种方案时，应从施工组织上进行分析、比较，选出便于组织施工和开展工作的方案。

（4）符合施工质量、安全技术的要求。在确定施工顺序时，以确保工程质量、施工安全为主。当影响工程质量安全时，应重新安排施工顺序或采取必要技术措施，保证工程顺利进行。

（三）流水段的划分

流水段的划分，必须满足施工顺序、施工方法和流水施工条件的要求。其划分原则与方法，详见第四章内容。

（四）选择施工方法和施工机械

施工方法和施工机械的选择是紧密联系的，施工机械的选择是施工方法选择的中心环节，每个施工过程总有不同的施工方法和使用机械。正确的施工方法、合理地选择施工机械，对于加快施工速度、提高工程质量、保证施工安全、降低工程成本，具有重要的作用。在选择施工方法和施工机械时，要充分研究拟安装设备的特征、各种施工机械的性能、供应的可能性及本企业的技术水平、建设工期要求和经济效益等。从施工组织的角度选择机械时，应着重注意以下几个方面：

（1）施工方法的技术先进性和经济合理性。

(2) 施工机械的适用性与多用性的兼顾。

(3) 施工单位的技术特点和施工习惯。

(4) 各种辅助机械应与直接配套的主导机械的生产能力协调一致。

(5) 同一工地上，应使机械的种类和型号尽可能少一些。

(6) 尽量利用施工单位现有机械。

(7) 符合工期、质量与安全的要求。

施工方法和施工机械的选择，是一项综合性的技术工作，必须在多方案比较的基础上确定。施工方法是根据工程类别，生产工艺特点，对分部、分项工程施工而提出的操作要求。对技术上复杂或采用新技术、新工艺的工程项目，多采用限定的施工方法，因而提出的操作方法及施工要点应详细；对于常见的工程项目，由于采用常规施工方法，所以提出的操作方法及施工要点可简单些。在选择施工机械的时候，应根据工程类别、工期要求、现场施工条件、施工单位技术水平等，以主导工程项目为主进行选择。

在确定施工方法和主导机械后，还必须考虑施工机械的综合使用和工作范围、流动方向、开行路线和工作内容等，使之得到最充分利用。并拟定保证工程质量与施工安全的技术措施。

（五）施工方案的技术经济分析

任何一个分部分项工程，一般都有几个可行的施工方案。施工方案的技术经济分析的目的就是在它们之间进行选优，选出一个工期短、质量好、材料省，劳动力和机具安排合理，成本低的最优方案。施工方案的技术经济分析常用的方法有定性分析和定量分析两种。

1. 定性分析

定性分析结合施工经验，对几个方案的优缺点进行分析和比较。通常主要从以下几个指标来评价：

(1) 工人在施工操作上的难易程度和安全可靠性；

(2) 能否为后续工作创造有利施工条件；

(3) 选择的施工机械设备是否可能取得；

(4) 采用该方案在冬雨期施工能带来多大困难；

(5) 能否为现场文明施工创造条件；

(6) 对周围其他工程施工影响大小。

2. 定量分析

定量分析是通过计算各方案的几个主要技术经济指标，进行综合比较分析，从中选择技术经济最优的方案。常用以下几个指标：

(1) 工期指标。当要求工程尽快完成以便尽早投入生产或使用时，选择施工方案就要在确保工程质量、安全和成本较低的条件下，优先考虑缩短工期的方案。

(2) 劳动量消耗指标。它能反映施工机械化程度和劳动生产率水平。通常，在方案中劳动消耗越小，则机械化程度和劳动生产率越高。劳动量消耗以工日数计算。

(3) 主要材料消耗指标。它反映了各个施工方案的主要材料节约情况。

(4) 成本指标。它反映了施工方案的成本高低。一般需计算方案所用的直接费和间接费成本 C，可按下式计算：

$$C = 直接费 \times (1 + 综合费率)$$

式中 C 为某施工方案完成施工任务所需要的成本；综合费率按各地区有关文件规定执行。

(5) 投资额指标。拟定的施工方案需要增加新的投资时，如购买新的施工机械或设备，则需要用增加投资额指标进行比较，其中投资额指标低的方案为好。

六、单位工程施工进度计划

单位工程施工进度计划是在规定施工方案的基础上，根据规定工期和各种资源供应条件，按照施工过程的合理施工顺序及组织施工的原则，用横道图或网络图，对单位工程从开始施工到工程竣工，全部施工过程在时间和空间上的合理安排。

(一) 单位工程施工进度计划的作用

(1) 安排单位工程的施工进度，保证如期完成施工任务。
(2) 确定各施工过程的施工顺序，持续时间及相互之间的搭接、配合关系。
(3) 为编制季、月、旬作业计划提供依据。
(4) 为编制施工准备工作计划和各种资源需要量计划提供依据。

(二) 单位工程施工进度计划的编制依据

(1) 有关设计图纸和采用的标准图集等技术资料。
(2) 施工工期要求及开工、竣工日期。
(3) 施工组织总设计对本工程的要求及施工总进度计划。
(4) 确定施工方案和施工方法。
(5) 施工条件：劳动力、机械、材料、构件供应情况，分包单位情况，土建与安装的配合情况等。
(6) 劳动定额、机械台班使用定额、预算定额及预算文件等。

(三) 单位工程施工进度计划的编制内容和步骤

编制单位工程施工进度计划的主要内容和步骤是：首先收集编制依据，熟悉图纸、了解施工条件、研究有关资料、确定施工项目；其次计算工程量、套用定额计算劳动量、机械台班需要量；再次确定施工项目的持续时间、安排施工进度计划；最后按工期、劳动力、机械、材料供应量要求，调整优化施工进度计划，绘制正式施工进度计划。

1. 划分施工项目

施工项目包括一定工作内容的施工过程，是进度计划的基本组成单元。施工项目的划分见第四章有关内容。

2. 计算工程量

施工项目确定后，可根据施工图纸、工程量计算规则及相应的施工方法进行计算。
计算工程量时应注意以下几个问题：

(1) 各分部分项工程的工程量计算单位应与现行定额手册所规定的单位相一致，以避免计算劳动力、材料和机械数量时进行换算，产生错误；
(2) 计算工程量时，应与所采用的施工方法一致；
(3) 正确取用预算文件中的工程量。如已编制预算文件，则施工进度计划中的工程量可根据施工项目包括的内容，从预算工程量的相应项目内抄出并汇总；
(4) 计算工程量时，尽量考虑编制其他计划时使用工程量数据的方便，做到一次计算多次使用。

3. 确定劳动量和施工机械数量

根据计算的工程量、施工方法和现行的劳动定额，结合施工单位的实际情况，即可计算出各施工项目的劳动量和机械台班量。

（1）劳动量的确定：

施工项目手工操作时，其劳动工日数可按下式计算：

$$P_i = Q_i / S_i = Q_i \cdot H_i$$

式中 P_i——某施工项目所需劳动量，工日；

Q_i——该施工项目的工程量，m^3、m^2、m、t、个等；

S_i——该施工项目采用的产量定额，$m^3/$工日、$m^2/$工日、$m/$工日、$t/$工日、个/工日等；

H_i——该施工项目采用的时间定额，工日$/m^3$、工日$/m^2$、工日$/m$、工日$/t$、工日/个等。

【例1】 有直径为1200mm的供热管道1000m，某工程队需完成喷砂除锈、刷漆、保温三项工作。若时间定额为喷砂除锈 1.08 工日$/10m^2$，刷漆 0.489 工日$/10m^2$，保温 6.76 工日$/10m^2$，试计算该工程队完成三项工作所需劳动量。

【解】 $Q = 1.2 \times \pi \times 1000 = 376.8$（$10m^2$）

$P = 376.8 \times 1.08 + 376.8 \times 0.489 + 376.8 \times 6.76 = 3138.4$（工日）

取 3138 个工日。

（2）机械台班数确定：

施工项目采用机械施工时，其机械及配套机械所需的台班数量，可按下式计算：

$$D_i = Q'_i / S_i = Q'_i \cdot H_i$$

式中 D_i——某施工机械所需机械台班量，台班；

Q'_i——机械完成的工程量，m^3、m^2、m、t、件等；

S_i——该机械的产量定额，$m^3/$台班、$m^2/$台班、$m/$台班、$t/$台班、件/台班等；

H_i——该机械的时间定额，台班$/m^3$、台班$/m^2$、台班$/m$、台班$/t$、台班/件等。

在实际工程计算中产量或时间定额应根据定额的参数，结合本单位机械状况、操作水平、现场条件等分析确定，计算结果取整数。

4. 计算施工项目工作持续时间

施工项目持续时间的计算方法一般有经验估算法、定额计算法和倒排计划法。

（1）经验估算法：

经验估算法也称三时估算法，即先估计出完成该施工过程的最乐观时间、最悲观时间和最可能时间三种施工时间，再根据下面公式算出该施工过程的持续时间。这种方法适用于新结构、新技术、新工艺、新材料等无定额可循的施工过程。

$$t_i = (A + 4B + C)/6$$

式中 A——最乐观时间估算（最短的时间）；

B——最可能的时间估算（最正常的时间）；

C——最悲观的时间估算（最长的时间）。

(2) 定额计算法：

这种方法是根据施工过程需要的劳动量或机械台班量，以及配备的机械台数和劳动人数，来确定其工作持续时间。其计算公式如下：

$$t_i = P_i / (R_i \cdot b) = Q_i / (S_i \cdot R_i \cdot b)$$

$$t_i = D_i / (G_i \cdot b) = Q'_i / (S_i \cdot G_i \cdot b)$$

式中　　t_i——某施工项目工作持续时间，天；

　　　　P_i——该施工项目所需的劳动量，工日；

　　　　Q_i——该施工项目的工程量；

　　　　S_i——该施工项目的产量定额；

　　　　R_i——该施工项目所配备的施工班组人数，人；

　　　　b——该施工项目的工作班制（1～3班制）；

　　　　D_i——某施工项目所需机械的台班数；

　　　　G_i——该施工项目所配备的机械台数。

在组织分段流水时，也是用上式确定每个施工段的流水节拍。

在应用上式时，必须先确定 R_i、G_i、b 的数值。

1) 施工班组人数的确定：

在确定班组人数时，应考虑最小劳动组合人数、最小工作面和可能安排的施工人数等因素。

最小劳动组合，即某一施工过程进行正常施工所必需的最低限度的班组人数及其合理组合。人数过少或比例（技工和普工比例）不当都将引起劳动生产率的下降。

最小工作面，即施工班组为保证安全施工和有效地操作所必需的工作面。最小工作面决定了最高限度可安排多少工人。不能为了缩短工期而无限制地增加人数，否则将造成工作面不足而产生窝工现象。

可能安排的人数，是指施工单位所能配备的人数。一般只在上述最低和最高限度之间，根据实际情况确定就可以了。有时为了缩短工期，可在保证足够工作面的条件下组织非专业工种的支援。如果在最小工作面的情况下，安排最高限度的工人数仍不能满足工期要求时，可组织两班制和三班制。

2) 机械台数的确定：

与施工班组人数确定相似，也应考虑机械生产效率、施工工作面、可能安排台数及维修保养时间等因素来确定。

3) 工作班制的确定：

一般情况下，当工期允许、劳动力和机械周转使用不紧迫、施工工艺上无连续施工要求时，采用一班制施工。当组织流水施工时，为了给第二天连续施工创造条件，某些施工准备工作或施工过程可考虑在夜班进行，即采用二班制施工。当工期较紧或为了提高施工机械的使用率及加快机械的周转使用，或工艺上要求连续施工时，某些施工项目可考虑二班制甚至三班制施工。由于采用多班制施工，必须加强技术、组织和安全措施，并增加材料或构件的供应强度，增加夜间施工（如现场灯光照明）等费用及有关措施。因此，必须慎重采用。

【例2】 某设备安装工程需690个工日,采用一班制施工,每班工作人数为22人(技工10人、普工12人,比例为1:1.2)。如果分五个施工段完成施工任务,试求完成任务的持续时间和流水节拍。

【解】 $T_{安装} = 690/(22 \times 1) = 31.4$ 天 取31天

$$t_{安装} = 31/5 = 6.2 天$$

上例流水节拍平均为6天,总工期为 $5 \times 6 = 30$ 天,则计划安排劳动量为 $30 \times 22 = 660$ 工日,比计划定额需要的劳动量少了30个工日。能否少用30个工日完成任务,即能否提高工效4%,这要根据实际分析研究后确定。一般应尽量使定额劳动量和实际安排劳动量相近。如果有机械配合施工,则在确定施工时间或流水节拍时,还应考虑机械效率,即机械能否配合完成施工任务。

(3) 倒排计划法:

这种方法需要的施工人数超过了本单位现有的数量,除了要求上级单位调度、支援外,应从技术上、组织上采取措施。如组织平行立体交叉施工,某些项目采用多班制施工等。

5. 编制施工进度计划

施工项目持续时间确定后,即可编制施工进度计划的初步方案。一般的编制方法有以下三种:

(1) 按经验直接安排法:

这种方法是根据各施工项目持续时间、先后顺序和搭接的可能性,直接按经验在横道图上画出施工时间进度线。其一般步骤是:

1) 根据拟定的施工方案、施工流向和工艺顺序,将各施工项目进行排列。其排列原则是:先施工项先安排,后施工项后安排;主要施工项先排,次要施工项后排。

2) 按施工顺序,将排好的施工项目从第一项起,逐项填入施工进度计划图表中。要注意各施工项目的起止时间,使各项目符合技术间歇和组织间歇时间的要求。

3) 各施工项尽量组织平面、立体交叉搭接流水施工,使各施工项目的持续时间符合工期要求。

(2) 按工艺组合组织流水施工方法:

这种方法是将某些在工艺上有关系的施工过程归并为一个工艺组合,组织各工艺组合内部流水施工,然后将各工艺组合最大限度地搭接起来,组织分别流水施工。例如,设备开箱、检查、拆卸、清洗、组装可以归并为一个工艺组合;工艺管线安装也可以归并为一个工艺组合。

按照对整个工期的影响大小,工艺组合可以分为主要工艺组合和搭接工艺组合两种类型。前者对单位工程的工期起决定性作用,相互基本不能搭接施工;而后者对整个工期虽有一定影响,但不起决定性作用,并且这种工艺组合能够和主要工艺组合彼此平行或搭接施工。

在工艺组合确定后,首先可以从每个工艺组合中找出一个主导施工过程;其次确定主导施工过程的施工段数和持续时间;然后尽可能地使其余施工都采用相同的施工段和持续时间,以便简化计算和施工组织工作;最后按固定节拍流水施工、成倍节拍流水施工或分别流水施工的计算方法,求出工艺组合的持续时间。为了计算和组织的方便,对于各个工艺组合的施工段数和持续时间，在可能的条件下，也就力求一致。

(3) 按网络计划技术编制施工进度计划：

采用这种方法编制施工进度计划，一种是直接网络图表述，另一种是将已编横道图计划改成网络计划便于优化。详见第五章。

6. 施工进度计划的检查和调整

施工进度计划初步方案编出后，应根据上级要求、合同规定、经济效益及施工条件等，先检查各施工项目安排是否合理、工期是否满足要求、劳动力等资源需要量是否均衡；然后进行调整，直至满足要求。最后编制正式施工进度计划。检查步骤如下：

(1) 从全局出发，检查各施工项目的先后顺序是否合理，持续时间是否符合工期要求。

(2) 检查各施工项目的起、止时间是否合理，特别是主导施工项目是否考虑必需技术和组织间歇时间。

(3) 对安排平行搭接、立体交叉的施工项目，是否符合施工工艺、质量、安全的要求。

(4) 检查、分析进度计划中，劳动力、材料和机械的供应与使用是否均衡。应避免过分集中，尽量做到均衡。

经上述检查，如发现问题，应修改、调整优化，使整个施工进度计划满足上述条件的要求为止。

由于建筑安装工程复杂，受客观条件的影响较大。在编制计划时，应充分、仔细调查研究，综合平衡，精心设计。使计划既要符合工程施工特点，又要留有余地，使施工计划确实起到指导现场施工的作用。

七、施工准备工作及各项资源需要量计划

单位工程施工进度计划编制后，为确保进度计划的实施，应编制施工准备工作、劳动力及各种物资需要量计划。这些计划编制的主要目的是，为劳动力与物资供应，施工单位编制季、月、旬施工作业计划（分项工程施工设计）提供主要参数。

(一) 施工准备工作计划

单位工程施工前，应编制施工准备工作计划。施工准备工作计划主要反映开工前和施工中必须做到的有关准备工作。内容一般包括现场准备、技术准备、资源准备及其他准备。单位工程施工准备工作计划如表 6-2 所示。

(二) 劳动力需要量计划

单位工程施工时所需各种技工、普工人数，主要是根据确定的施工进度计划要求，按月分旬编制的。编制方法是以单位工程施工进度计划为主，将每天施工项目所需的施工人数，按时间进度要求总汇后编出。单位工程劳动力需要量计划表见表 6-15。它是编制劳动力平衡、调配的依据。

(三) 主要材料及非标设备需要量计划

确定工程所需的主要材料及非标设备需要量是为储备、供应材料，拟定现场仓库与堆放场地面积，计算运输工程量提供依据。编制方法是按施工进度计划表中所列的项目，根据工程量计算规则，以定额为依据，经工料分析后，按材料的名称、规格、数量、使用时间等要求，分别统计并汇总后编出。单位工程主要材料需要量计划如表 6-16 所示。

劳动力需要量计划表　　　　　　　表 6-15

序号	工程名称	人数	需用人数及时间									备注
			×月			×月			×月			……	
			上	中	下	上	中	下	上	中	下		

主要材料需要量计划表　　　　　　　表 6-16

序号	材料名称	规格	需要量		需要时间							备注
			单位	数量	×月			×月			……	
					上	中	下	上	中	下		

（四）主要机具设备需要量计划

单位工程所需施工机械、主要机具设备需要量是根据施工方案确定的施工机械、机具型号，以施工进度计划、主要材料及构配件运输计划为依据编制。编制方法，是将施工进度图表中每一项目所需的施工机械、机具的名称、型号规格、需要量、使用时间等分别统计汇总。单位工程主要机具设备需要量计划见表 6-6。它是落实机具来源、组织机具进场的依据。

八、施工平面图设计

单位工程施工平面图是表示在施工期间，对施工现场所需的临时设施、加工厂、材料仓库、施工机械运输道路，临时用水、电、动力线路等做出的周密规划和具体布署。

单位工程施工平面图是对拟建工程的施工现场所做的平面规划和布置，是施工组织设计的重要内容，是现场文明施工的基本特征。

（一）设计内容

施工平面图设计内容主要包括：

（1）建筑总平面图上已建和拟建的地上、地下的一切房屋、构筑物及其他设施的位置、尺寸和方位。

（2）自行式起重机、卷扬机、地锚及其他施工机械的工作位置。

（3）各种设备、材料、构件的仓库、堆放场和现场的焊接或组装场地。

（4）临时给排水管线、供电线路、蒸汽压缩空气管道等布置。

（5）生产和生活性福利设施的布置。

(6) 场内道路的布置及与场外交通的连接位置。

(7) 一切安全及防火设施的位置。

(二) 设计依据

(1) 施工组织总设计及原始资料。

(2) 土建施工平面图。了解一切已建和拟建的房屋和构筑物、设备及管线基础的位置、尺寸和方位。

(3) 本工程的施工方案、施工进度计划、各种物资需要量计划。

(三) 设计原则

(1) 在保证施工顺利进行的前提下,现场布置尽量紧凑、减少施工用地及施工用各种管线。

(2) 材料仓库或成品件的堆放场地,尽量靠近使用地点,以便减少场内运输费用。

(3) 力争减少临时设施的数量,降低临时设施的费用。

(4) 临时设施布置应尽量便于生产、生活和施工管理的需要。

(5) 符合环保、安全和防火的要求。

(四) 设计步骤

安装工程施工主要围绕安装设备的二次搬运、现场组装或焊接、垂直吊装、检测和调试等项目进行。施工平面是一个变化的动态系统,施工平面布置图具有阶段性。施工内容不同,施工平面的布置也就不一样,一般应反映施工现场复杂、技术要求高、施工最紧张时期的施工平面布置情况。如大型设备安装,使用机械较多,设计施工平面图时,可按下列步骤进行。

(1) 确定施工现场实际尺寸大小,用 1:200~1:500 的绘图比例绘图,图幅为 1~2 号图。

(2) 绘出施工现场一切已建和拟建的房屋、构筑物、设备及管线基础和其他设施的位置。

(3) 绘出主要施工机械的位置。

(4) 绘出构配件、材料仓库、堆场和设备组装场地的位置。

(5) 布置运输道路。

(6) 布置行政、生活及福利用临时设施。

(7) 布置水电等管线位置。

九、施工技术组织措施

(一) 保证工程质量的主要施工技术组织措施

(1) 严格执行国家颁布的有关规定和现行施工验收规范,制定一套完整和具体的确保质量制度,使质量保证措施落到实处。

(2) 对施工项目经常发生质量通病的方面,应制定防治措施,使措施更有实用性。

(3) 对采用新工艺、新材料、新技术和新结构的项目,应制定有针对性的技术措施。

(4) 对各种材料、半成品件等,应制定检查验收措施,对质量不合格的成品与半成品件,不经验收不能使用。

(5) 加强施工质量的检查、验收管理制度。做到施工中能自检、互检,隐蔽工程有检查记录,交工前组织验收,质量不合格应返工,确保工程质量。

（二）保证安全施工措施

安全为了生产，生产必须安全。为确保安全，除贯彻安全技术操作规程外，应根据工程特点、施工方法、现场条件，对施工中可能发生安全事故方面进行预测，提出预防措施。

（1）加强安全施工的宣传和教育。

（2）对采用新工艺、新材料、新技术和新结构的工程，要制定有针对性的专业安全技术措施。

（3）对高空作业或立体交叉施工的项目，应制定防护与保护措施。

（4）对从事各种火源、高温作业的项目，要制定现场防火、消防措施。

（5）要制定安全用电、各种机械设备使用、吊装工程技术操作等方面的安全措施。

（三）冬雨期施工措施

当工程施工跨越冬季和雨季时，应制定冬期施工和雨期施工措施。

（1）冬期施工措施。冬期施工措施是根据工程所在地的气温、降雪量、冬期时间，结合工程特点、施工内容、现场条件等，制定防寒、防滑、防冻和改善操作环境条件，保证工程质量与安全的各种措施。

（2）雨期施工措施。雨季施工措施是根据工程所在地的雨量、雨期时间，结合工程特点、施工内容、现场条件，制定防淋、防潮、防淹、防风、防雷、排水等，保证雨期连续施工的各项措施。

（四）降低成本措施

降低成本是提高生产利润的主要手段。因此，施工单位编制施工组织设计时，在保质、保量、保工期和保施工安全条件下，要针对工程特点、施工内容，提出一些必要的方法来降低施工成本。如就地取材、降低材料单价、合理布置材料库、减少二次搬运、提高工作效率等。

十、主要技术经济指标计算

评价单位工程施工设计可用技术经济指标来衡量，技术经济指标的计算应在编制相应的技术组织措施计划的基础上进行。一般主要有以下指标：

（一）工期指标

指单位工程从开始施工到完成全部施工过程，达到竣工验收标准为止，所用的全部有效施工天数与定额工期或参考工期相比的百分数，即：

$$工期指标 = 设计工期/定额工期 \times 100\%$$

（二）工程成本指标

（1）总工程费用：即完成该单位工程施工的全部费用。

（2）降低成本指标：

$$降低成本额 = 预算成本额 - 计划成本额$$

$$降低成本率 = 降低成本额/预算成本额 \times 100\%$$

（3）日产值：

$$日产值 = 计划成本/工期（元/日、万元/日）$$

（4）人均产值。

（三）劳动消耗指标

(1) 单位产品劳动力消耗。
(2) 劳动力不均衡系数 K：

$$K = 最多工人数 / 平均工人数 \times 100\%$$

（四）主要施工机械利用指标
(1) 主要施工机械利用率。
(2) 施工机械完好率。
(3) 施工机械化程度。

此外，还有整体吊装程度及质量安全指标等。

第三节　电梯安装工程施工设计

伴随着建筑业的发展，高层建筑不断涌现，电梯的使用和需求也日益增多。为建筑物内提供上下交通运输的电梯技术也得到了迅速的发展，在现代化的今天，电梯已不仅是一种生产环节中的重要设备，更是一种工作和生活中的必需设备。

电梯作为高层建筑垂直运输的主要交通工具，是由许多机构组合成的复杂机器。它的主要工作机构是悬挂在钢丝绳一端的轿厢和悬挂在钢丝绳另一端的对重，钢丝绳搭在曳引机的曳引绳轮上，如图6-3所示。其工作原理是：借助于曳引绳轮与钢丝绳之间的摩擦力来传动钢丝绳，从而使轿厢运行，完成提升和下放载荷的任务。

电梯属于起重运输类设备，安装工艺复杂，安装技术高、精度高。施工中，必须按"保证安装质量，提高安装速度"的原则选择适当的安装方法，编制合理的施工设计。现以某大厦电梯为例，介绍安装工程设计。

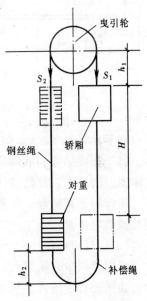

图 6-3　电梯的工作原理

一、工程概况

某金融大厦安装 4 台 M-BD2 型客梯，置于主楼正厅两侧，每侧 2 台。其性能和技术参数为：

(1) 载重 1000kg；
(2) 速度 1.75m/s；
(3) 层站 26 层 26 站（地上 24 层，地下 2 层）；
(4) 提升高度 93.6m；
(5) 控制方式：微机程控；
(6) 驱动方式：交流调速；
(7) 曳引机位置：有齿轮曳引机安装在井道正上方；
(8) 轿门种类：自动中分式，开度 1100m；
(9) 梯井全高 97.5m；
(10) 一层高度 5.5m；
(11) 顶层高度 5.2m；
(12) 底坑深度 2.8m；

(13) 电源：交流 380V、220V、50Hz。

二、施工程序与施工方法

（一）清理井道、井道验收、搭脚手架

由建设单位向安装单位提交电梯井道及机房土建施工技术资料有：混凝土强度报告、测量定位记录、几何尺寸实测值、质量评定表、测量定位基准点等。根据电梯土建总体布置图复核井道内净尺寸，层站、顶层高度、地坑深度是否相符，如果有不符合图纸要求需进行修正者，应及时通知有关部门进行修正。

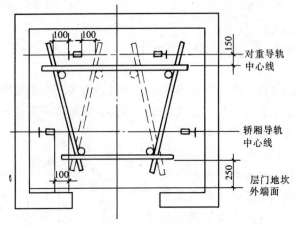

图 6-4 脚手架形式

安装电梯是一种高空作业，为了便于安装人员在井道内进行施工作业，一般需要在井道内搭脚手架。对于层站多，提升高度大的电梯，在安装时也有用卷扬机作动力，驱动轿厢架和轿厢底盘上下缓慢运行，进行施工作业。也可以把曳引机安装好，由曳引机驱动轿厢架和轿底来进行施工作业。

搭脚手架之前必须先清理井道，清除井壁或机房楼板下因土建施工所留下的露出表面的异物，特别是底坑内的积水杂物一般比较多，必须清理干净。在井道中按图 6-4 搭设脚手架。

脚手架杆用 $\phi 48 \times 4$ 钢管或杉木搭设。脚手架的层高（横梁的间隔）一般为 1.2m 左右。脚手架横梁应铺放两块以上 $\delta = 50mm$，宽 200～300mm，长 2m 的脚手板，并与横梁捆扎牢固。脚手架在厅门口处应符合图 6-5 的要求。

随着脚手架搭设，设置工作电压不高于 36V 的低压照明灯，并备有能满足施工作业需要的供电电源。

（二）开箱点件

根据装箱单开箱清点，核对电梯的零部件和安装材料。开箱点件要由建设单位和施工单位共同进行。清理、核对过的零部件要合理放置和保管，避免压坏或使楼板的局部承受过大载荷。根据部件的安装位置和安装作业的要求就近堆放。可将导轨、对重铁块及对重架堆放在底层的电梯门附近，各层站的厅门、门框、踏板堆放在各层站的厅门附近。轿厢架、轿底、轿顶、轿壁等堆放在上端站的厅门附近。曳引机、控制柜、限速装置等搬运到机房，各种安装材料搬进安装工作间妥为保管，防止损坏和丢失。

（三）安装样板架、放线

样板是电梯安装放线的基础。制作样板架和在样板架上悬挂下放铅垂线，必须以电梯安装平面布置图中给定的参数尺寸为依据。由样板架悬挂下放的铅垂线是确定轿厢导轨和

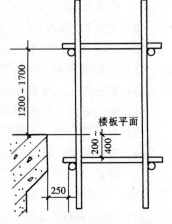

图 6-5 厅门口处的脚手架

导轨架、对重导轨、轿厢、对重装置、厅门门口等位置，以及相互之间的距离与关系的依据。

样板采用 100mm×100mm 无节、干燥的红白松木制成，木板必须光滑平直、不易变形、四面刨平、互成直角。

在样板上，将轿厢中心、对重中心以及各放线点找出。用 $\phi1$ 的琴钢线和 25kg 重线坠放线至底坑。并用两台激光准直仪校正。

（四）轨道安装

(1) 设置 8 个 25kg 线坠，选用 $\phi1$ 的琴钢线。

(2) 按照安装图对导轨支架坐标精确放线。

(3) 首先在井道壁上安装导轨支架。底座的数量应保证间距不大于 2.5m，且每根导轨至少有 2 个。

(4) 在支架底座上安装导轨支架，其要求是支架背衬的坐标和整个井道内同侧的全部支架中心线，要与导轨底面中心线重合后临时固定。

(5) 松开压板安装导轨。

(6) 主导轨两侧都用压板临时固定后，即可固定支架。

(7) 按表 6-17 要求精找导轨后固定压板。

(8) 主导轨间距 1680mm，对重导轨间距 820mm，其允差均为 +0~2mm。

(9) 导轨安装前要对其直线度及两端口接口处进行尺寸校正。

导轨安装要求　　　　　　表 6-17

项　　目		允差（mm）	检查方法
导轨垂直度		0.7/5m 全长≤1	线坠和游标尺
导轨接头	局部间隙	0.5	塞尺
	台阶	0.05	钢板尺和塞尺
	允许修光长度	≥200	
顶端导轨架和导轨顶允距		≤500	
导轨顶与顶板		50~300	

（五）轿厢组装

(1) 拆除第 24 站中的脚手架，然后用 2 根道木（300mm×200mm×3000mm）由厅门口伸入设置支承梁。道木一端搭在厅门地面上，一端插入厅门对面的井道壁预留孔中。

(2) 在支承梁上放置轿厢下梁，并将其调正找平。

(3) 在支承梁周围搭设脚手板组成安装组对平台。

(4) 在井道顶通过轿厢中心的曳引绳孔借用楼板上承重架用手拉葫悬挂轿厢架，组装轿厢架。

(5) 安全钳安装：电梯安全钳为预先组装的 GK_1 型，安装时必须恰当地装配于紧固托架的下底。

(6) 下梁与轿底安装：将轿底安放在导轨之间的支承梁上，用水平尺检测其水平度。调节导轨与安全钳楔块滑动面之间的间隙。调节导靴与导轨之间的间隙。

(7) 轿壁安装：轿壁安装前对后壁、前壁和侧壁分别进行测量复验，控制尺寸。装配顺序为：后壁、侧壁、前壁、扶手。

(8) 轿顶安装：当轿壁安装完毕之后，安装轿顶，并将轿厢固定在轿顶上。然后在轿顶上盖上保护顶板（木板）。最后安装轿顶固定装置和附件。

(9) 检查验收轿厢。

（六）机房设备安装

(1) 承重梁安装

承重梁是承载曳引机、轿厢和额定载荷、对重装置等重量的机件。承重梁一端必须牢固地埋入墙内，埋入深度应超过墙厚中心20mm，且不大于75mm。本梯承重梁为30号槽钢焊制而成，另一端稳固在混凝土承重地梁上。

(2) 曳引机安装

承重梁经安装、稳固和检查符合要求后，安装曳引机。曳引机底座与承重梁之间由橡胶作弹性减振，安装时按说明书要求布置。曳引机纵向和横向水平度均不应超过1/1000。曳引轮的安装位置取决于轿厢和导向轮。曳引轮在轿厢空载时垂直度偏差必须≤0.5mm，曳引轮端面对于导向轮端面的平行度偏差不大于1mm。制动器应按要求调整，制动时闸瓦应紧密地贴合于制动轮工作面上，接触面大于70%，松闸时两侧闸瓦应同时离开制动轮表面，其间隙应均匀，且不大于0.5mm。

(3) 限速器导向轮安装

限速器绳轮、导向轮安装必须牢固，其垂直度偏差不大于0.5mm。限速器绳轮上悬挂下放铅垂线，使铅垂线穿过楼板预留孔至轿厢架，并对准安全绳头拉后中心孔。

（七）缓冲器和对重装置安装

缓冲器和对重装置的安装都在井道底坑内进行。缓冲器安装在底坑槽钢或底坑地面上。对重在底坑里的对重导轨内距底坑地面700~1000mm处组装。安装时用手动葫将对重架吊起就位于对重导轨中，下面用方木顶住垫牢，把对重导靴装好，再将每一对重铁块放平、塞实，并用压板固定。

（八）曳引绳安装

当曳引机和曳引轮安装完毕，且轿厢、对重组对完毕后，则可进行曳引绳安装。

(1) 曳引绳的长度经测量和计算后，可把成卷的曳引绳放开拉直，按根测量截取。

(2) 挂绳时注意消除钢绳的内应力。

(3) 将曳引绳由机房绕过曳引轮导向轮垂直对重，用夹绳装置把钢丝绳固定在曳引轮上。把连接轿厢端钢丝绳末端展开悬垂直至轿厢。

(4) 复测核对曳引绳的长度是否合适，内应力是否消除，认定合乎要求后作绳头。本梯曳引绳绳径为$\phi 16$，根数为7根。

(5) 电梯要求绳头用巴氏合金浇筑而成。先把钢丝绳末端用汽油清洗干净，然后再抽回绳套的锥形孔内。把绳套锥体部分用喷灯加热。熔化巴氏合金，将其一次灌入锥体。灌入时使锥体下的钢丝绳1m长部分保持垂直。灌后的合金要高出绳套锥口10~15mm。

(6) 曳引绳挂好，绳头制做浇灌好后，可借助手动葫芦把轿厢吊起，再拆除支撑轿厢的方木，放下轿厢并使全部曳引绳受力一致。

（九）厅门安装

本梯厅门为中分式结构，安装轿门和厅门应符合下列要求：

（1）厅门地槛的不水平度应控制在 1/1000 之内，厅门地槛比大厅地面略高，其值为 2~5mm。

（2）厅门导轨与门套框架的垂直度和横梁的水平度均不应超过 1/1000。

（3）厅门和轿门的门扇下端与地槛间隙为：6±2mm。

（4）吊门滚轮上的偏心挡轮与导轨下端面的间隙不大于 0.5mm。

（5）开门刀、各层厅门地槛和各层机械电气联动装置的滚轮与轿厢地槛的间隙均在 5~8mm 之内．

（6）轿门底槛与各层厅门的地槛间距，偏差为 +1~2mm。

（7）中分门的门缝上、下一致，控制在 2mm 之内。

（十）电气安置安装

1. 施工临时用电

（1）在一层和机房各设一个电源分闸箱，每个闸箱的漏电保护开关容量不小于 60A；用电末端的漏电保护开关，其漏电动作电流不得超过 30mA；

（2）梯井内焊接作业，采用在井内放两根 50mm² 的塑料铜线，再用软地线与井外电焊机连接，哪里用哪里开口，用后将破口包好。坚决杜绝借用钢结构和梯井管架作为地线进行焊接；

（3）井内照明采用一台低压变压器，额定容量为 5kW、额定电压为 36V 供电，保证井内有足够的照明。

2. 安装控制柜和井道中间接线箱

控制柜跟随曳引机，一般位于井道上端的机房内，控制柜除按施工图要求安装外，还要保证：

（1）安装位置尽量远离门窗，其最小距离不得小于 600mm，屏柜的维护侧与墙壁的最小距离不得小于 700mm，屏柜的密封侧不得小于 50mm；

（2）屏柜应尽量远离曳引机等设备，其距离不得小于 500mm；

（3）双机同室，双排排列，排间距离不小于 5m；

（4）机房内屏柜的垂直度允差为 1.5/1000；机房内套管、槽的水平、垂直允差均为 2/1000。

井道中间接线箱安装在井道 1/2 高度往上 1m 左右处。确定接线箱的位置时必须便于电线管或电线槽的敷设，使跟随轿厢上、下运行的软电缆在上、下移动过程中不致于发生碰撞现象。

3. 安装分接线箱和敷设电线槽或电线管

根据随机技术文件中电气安装管路和接线图的要求，控制柜至极限开关、曳引机、制动器、楼层指示器或选层器、限位开关、井道中间接线箱、井道内各层站分接线箱、各层站召唤箱、指层灯箱、厅门电联锁等需敷设电线管或电线槽。

（1）按电线槽或电线管的敷设位置（一般在厅门两侧井道壁各敷设一路干线），在机房楼板下离墙 25mm 处放下一根铅垂线，并在底坑内稳固，以便校正线槽的位置；

（2）用膨胀螺栓，将分线箱和线槽固定妥当，注意处理好分线箱与线槽的接口处，以保护导线的绝缘层；

(3) 在线槽侧壁对应召唤箱、指层灯箱、厅门电联锁、限位开关等水平位置处，根据引线的数量选择适当的开孔刀开口，以便安装金属软管；

(4) 敷设电线管时，对于竖线管每隔 2~2.5m，横线管不大于 1.5m，金属软管小于 1m 的长度内需设有一个支撑架，且每根电线管应不少于两个支撑架；

(5) 全部线槽或线管敷设完后，需用电焊机把全部槽、管和箱联成一体，然后进行可靠的接地处理；

(6) 电梯导线选用定额电压 500V 的铜芯导线；

(7) 井道内的线管、线槽和分接线箱，为避免与运行中的轿箱、对重、钢丝绳、电缆等相互刮碰，其间距离不得小于 20mm；

(8) 电梯的电源线使用独立电源，并且单机单开关。每台电梯的动力和照明、动力和控制均应分别敷设。

4. 装置安装

(1) 接线箱和接线盒的安装应牢固平整，不能变形，在墙内安装的箱盒，如指示灯盒、按钮盒等，其外表面应与装饰面平齐；

(2) 电气接地。所有供电电源零线和地线要分别设置，所有的电气设备的金属外壳均要接地良好，通过接地线分别直接接至接地端子或接地螺栓上，切勿互相串接后再接地。其接地电阻值不应大于 4Ω；

(3) 磁感应器和感应板在安装时注意其垂直、平整。其端间隙为 10±2mm，磁开关和磁环中心偏差不大于 1mm；

(4) 限位和限速装置的接线在调整完毕后，应将余留部分绑扎固定。

5. 电缆敷设

(1) 井道电缆在安装时应使电梯电缆避免与限速器、钢丝绳、限位和缓冲开关等处于同一垂直交叉引起刮碰的位置上；

(2) 轿箱底电缆架的安装方向要与井道电缆一致，并保证电梯电缆随轿箱运行井道底部时，能避开缓冲器并保持一定距离。井道电缆架用螺栓稳固在井道中间接线盒下 0.5m 处的井道墙壁上；

(3) 电缆敷设时应预先放松，安装后不应有打结、扭曲现象。多根电缆的长度应一致。非移动部分用卡子固定牢固。

(十一) 试运转

1. 电梯在试运转应达到的条件

(1) 机械和电气两大系统已安装完毕，并经质量检查评定合格；

(2) 转动和液压部分的润滑油和液压油已按规定加注完毕；

(3) 自控部分已作模拟试验，且准确可靠；

(4) 脚手架已拆除，机房、井道已清扫干净。

2. 试运转步骤

(1) 手动盘车在导轨全程上检查有无卡阻现象；

(2) 绝缘电阻复测和接地接零保护复测；

(3) 静载试验：将轿厢置于最低层，平稳加入荷载。加入额定荷载的 1.5 倍，历时 10 分钟，检查各承重构件应无损坏或变形，曳引绳在导向轮槽内无滑移，且各绳受力均匀，制动器可靠；

(4) 运行；轿厢分别以空载、额定起重量的 50% 即 0.5t 荷载、额定起重量 100% 即 1t 荷载，在通电持续率 40% 情况下往复升降各自历时 1.5 小时。

电梯在起动、运行、停止时，轿厢内应无剧烈地振动和冲击。制动器的动作可靠，线圈温升不超过 60℃，且温度均不高于 80℃（当室温为 20℃ 时）。端站限位开关或选层定向应准确可靠。

厅门机械、电气联锁装置、极限开关和其他电气联锁开关作用均应良好可靠。控制柜、曳引机和调速系统工作正常；

(5) 超载试验：轿厢荷载达到额定起重量的 110% 和通电持续率 40% 的情况下，历时 30 分钟。电梯应能安全起动和运行，制动器作用应可靠，曳引机工作应正常；

(6) 安全钳检查：在空载的情况下，以检修速度下降时，在一、二层试验，安全钳动作应可靠无误；

(7) 油压缓冲器查验：复位试验，空载运行，缓冲器回复原状所需时间应少于 90s。负载试验：缓冲器应平稳，零件无损伤或明显变形；

(8) 平层准确度允许偏差 ±7mm。

（十二）质监和安全部门核验

由甲、乙双方核验竣工移交手续，请质监部门在质量评定表上认定质量等级，请劳动部门在安全使用证上审定。

三、编制安装工程施工进度计划

电梯安装工程施工进度计划如图 6-6。总工期为 120 天。

四、编制主要资源需要量计划

（一）劳动力需要量计划

主要工种劳动力需要量计划见表 6-18。

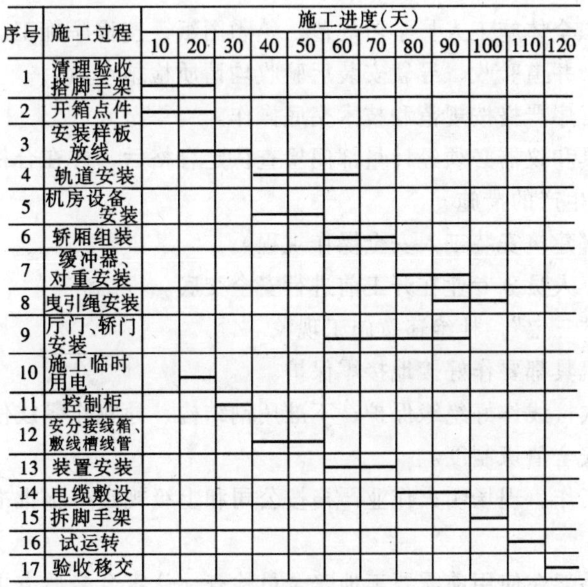

序号	施工过程	施工进度（天） 10	20	30	40	50	60	70	80	90	100	110	120
1	清理验收搭脚手架	──	──										
2	开箱点件	──											
3	安装样板放线		──	──									
4	轨道安装			──	──								
5	机房设备安装				──	──							
6	轿厢组装						──	──					
7	缓冲器、对重安装							──	──				
8	曳引绳安装									──	──		
9	厅门、轿门安装									──	──		
10	施工临时用电	──	──										
11	控制柜					──	──						
12	安分接线箱、敷线槽线管					──	──	──					
13	装置安装							──	──				
14	电缆敷设								──	──			
15	拆脚手架										──		
16	试运转										──	──	
17	验收移交												──

图 6-6 施工进度计划

主要工种劳动力需要量计划　　　　　　表 6-18

工　种	人　数	工　种	人　数
项目经理	1	钳工	8
兼职质检员	1	起重工	2
兼职安全员	1	电工	4
机械工程师	1	焊工	2
电气工程师	1	材料员	1

（二）主要工具计划（见表 6-19）。

主要工具计划　　　　　　表 6-19

序号	名称	规格	数量	备注	序号	名称	规格	数量	备注
1	汽车	5t	1辆		7	对讲机		2套	
2	吊车	8t	1台		8	兆欧表	500V	1只	
3	手拉葫芦	3t	4只		9	电焊机	12kW	2只	
4	线坠	25kg	16个		10	手提式焊机		1台	
5	钳形表		1只		11	千斤顶	5t	4台	
6	万用表		2只		12	转速表		1块	

五、主要质量安全措施

（一）保证工程质量的措施

(1) 健全工地的质量管理体系。

(2) 严格执行专业操作规程，主要工种如电工、起重工、钳工和焊工要求持证上岗。

(3) 严格执行质量管理中的自检、专检和交接检查工作，做到各项检查有记录。

(4) 实行挂牌制，做到明确工作内容、质量标准、检验方法和检查验收条件等。

(5) 执行原材料、设备进场检查验收制度。

(6) 开工前组织全体施工人员学习规范、熟悉图纸，按程序施工。

(7) 在施工中，井道验收、导轨安装后验收均请质检站审验。

(8) 各工种各工序严格按规范和技术交底操作。

(9) 检测用量具和仪器必须经计量部门检查认定合格后，并在合格期内使用。

（二）保证安全生产的措施

(1) 严格执行《建筑安装工人安全操作规程》。

(2) 对全体施工人员分专业在开工前进行安全交底。

(3) 充分利用"三宝"，杜绝违章施工现象。

(4) 电动施工机具都要作好接地接零保护。

(5) 焊机的二次接线作好绝缘保护，不准用钢结构、导轨作零线使用。

(6) 工地实行安全值班制度。

(7) 作好防火工作，现场明火作业严格按公司和上级规定申报批准、并严格按批准规范执行。

(8) 井道内脚手架在使用前需要工地安全员检查，认定合格后方可使用。

(9) 由于本工程层站多，井道内安装时分层加绳隔离防护。

(10) 安装用料和零部件不能过度集中堆放,以防楼板超载。

(11) 施工中要注意防潮、防水,现场设备要及时搬到室内,临时存放在室外的设备要注意垫高,并加盖苫布。

(三) 降低成本措施

(1) 开展全面质量管理,努力提高企业管理和工程质量,避免工程质量事故和安全事故发生。做好现场文明施工工作,从而保证在人力物力和财力上少支出,达到降低成本的目的。

(2) 采取流水作业法,既可以确保工程顺利实现,又可以充分发挥人和机具的效率,减少施工机械和工具的使用台班,从而降低机械费。

(3) 加强计划管理,在消耗材料的采购供应方面适应进度计划安排,达到流动资金周期短,资金利润率高而降低成本。

(4) 严格执行内部承包合同,控制人工费支付也是降低工程成本的一个必不可少的方面。

本 章 小 结

本章主要介绍了设备安装工程施工组织总设计的作用、依据、程序以及所包含的内容,介绍了单位工程施工组织设计的编制程序和编制内容。通过对本章内容的学习,应掌握单位安装工程施工组织设计的编制,了解一些设备的施工组织设计程序。

复 习 思 考 题

1. 施工组织设计的任务是什么?
2. 施工组织总设计的作用和编制程序是什么?
3. 施工组织总设计中的工程概况应反映哪些内容?
4. 试述施工总平面图设计的内容、依据、绘制程序?
5. 单位工程施工组织设计的编制依据和程序?
6. 单位工程施工方案和施工方法主要包括哪些内容?
7. 施工总用电量如何确定?如何确定导线截面大小?

附 录

GF—91—0201　　　　　　　　　　　　合同编号：

建设工程施工合同

(正　本)

工程名称＿＿＿＿＿＿＿＿＿＿＿＿＿＿
发 包 方＿＿＿＿＿＿＿＿＿＿＿＿＿＿
承 包 方＿＿＿＿＿＿＿＿＿＿＿＿＿＿
签订日期＿＿＿＿＿＿年＿＿＿＿月＿＿＿＿日

建设工程施工合同协议条款

发包方（甲　方）：_____
承包方（乙　方）：_____
企业性质及资质等级：_____

按照《中华人民共和国经济合同法》和国务院《建筑安装工程承包合同条例》的规定，结合本工程具体情况，双方签订施工合同。

施工合同由施工合同协议条款（简称协议条款）和建设工程施工合同条件（简称合同条件）两部分组成。合同条件中的某些条款除双方协商一致在协议条款中做出修改、补充或取消外，合同条件中的各项条款都是本合同的组成内容。以下各项条款是本合同的协议条款。

第一条　工程概况

	工　程　名　称	
	工　程　地　点	
工程内容		
	承　包　范　围	
	承　包　方　式	
	投资批准文号及日期	
	计划总投资及年度投资额	
	设　计　单　位	
	开　工　时　间	
	竣　工　时　间	
	其　　　　　他	

（群体、小区工程详见附表）

第二条　合同文件

1. 对合同文件及解释顺序的补充和调整：
2. 甲方向乙方提供完整的设计文件和技术资料，其中施工图纸_____份，施工图

预算_____份，其他_____
_____
施工图纸、预算、工程地质、地下管网线路等资料名称、要求、提供的时间、水准点、坐标控制点交验时间、专业工程适用的标准规范及违约责任：

第三条 双方一般责任

1. 甲 方 代 表　　姓名：_____　职务：_____　职称_____
   总监理工程师　　姓名：_____　职务：_____　职称_____
   对总监理工程师授权有何限制：_____
   _____
   乙 方 代 表　　姓名：_____　职务：_____　职称_____

2. 甲方责任：
1）图纸会审时间：_____
2）提供具备施工条件的施工场地、办理各种批件手续等前期准备工作的时间：

3）接通水、电、热源、通讯线路等的时间、地点和要求：

4）其　　他：

5）违约责任：

3. 乙方责任：
1）提供工程进度、材料设备计划和施工统计报表等时间和份数；

2）对甲方提供现场办公和生活设施的安排和要求：

3）其　　他：

4）违约责任：

第四条 施工组织设计和工期

1. 乙方提供施工组织设计和进度计划的时间_____，
   甲方给予批准或提出修改意见的时间_____。
2. 根据现行的《工期定额》，本工程的定额工期为_____天（日历天数），本工程的合同工期为_____天（日历天数，日期见第一条），发生赶工措施费时，计算的依据，方法确定为：

3. 违约责任：

第五条 工程质量

1. 工程质量须达到国家或专业的质量检验评定标准的合格条件。经协商本工程的质量等级约定为_____。此约定等级超过合格标准,应支付由此增加的经济支出确定如下:

2. 达不到约定的质量等级时,违约经济责任确定如下:

3. 其 他:

第六条 工程价款与支付

1. 合同价款确定的依据为国家和省、市(地)工程造价管理部分颁布的现行定额,有关规定等。其具体使用的定额和规定是:

2. 合同价款是通过招投标的中标价、施工图预算……等方式确定,本工程的合同价款确定方式为_____。

合同价款依据本条1款,通过上述方式经计算确认为¥_____元(详见中标文件或施工图预算)。

其中:

有关费用:工程取费类别、材料价差、临时设施的提供方式、预算包干费系数、内容和风险系数等,双方协商确定如下:

3. 合同价款的调整,执行合同条件中十九条规定,并经协商如下:

4. 工程价款的结算,已完工程经验收后,乙方在_____天内提出结算报告;甲方收到报告后在_____天内审查批准,并在_____天内办理工程款拨付。工程款拨付办理完后,乙方在_____天内将工程交给甲方。违约责任执行合同条件的有关条款,并经协商约定如下:

5. 工程价款拨付:
 1) 预付工程款,在合同签订后甲方将合同价款的_____%,计¥_____元,按下列时间和金额_____分_____次支付给乙方,在完成合同总造价_____%后的_____个月里,每月扣回预付工程款的_____%,在完成合同总造价的_____%时扣完。

 2) 工程进度款的拨付方法、时间和金额:

 3) 违约责任:

第七条 材料设备供应

1. 甲方供应材料设备的种类、规格、数量、单价、质量等级提供时间、地点如下（也可填附表）。

2. 供应责任及结算方法：

第八条 竣工验收与保修

1. 乙方向甲方提供竣工资料和竣工验收报告的时间＿＿＿＿＿＿甲方组织有关部门验收的时间＿＿＿＿＿＿；乙方向甲方提交合格的竣工图的时间＿＿＿＿＿＿和份数＿＿＿＿＿＿，违约责任协商如下：

2. 工程竣工验收后，由乙方负责保修的项目、内容、范围、期限等双方确定如下：

第九条 争议的处理

双方因合同发生争议、首先请工程所在地建设行政主管部门调解。经调解后，双方未达成协议的，可由＿＿＿＿＿＿＿＿申请解决。

第十条 其 他

1. 工程分包，经双方协商，乙方分包的项目、内容、分包单位、分包范围、经济责任等事宜确定如下：

2. 特殊环境施工时，采取的安全保护措施及经济责任：

第十一条 未尽事宜及补充条款如下

第十二条 本合同计＿＿＿＿份，其中正式贰份，副本＿＿＿＿份。合同副本的分送责任及合同生效时间。

合同副本的分送责任

合同订立时间： 年 月 日

发 包 方（章）： 承 包 方（章）：
地　　　　址： 地　　　　址：
法 定 代 表 人： 法 定 代 表 人：
委 托 代 理 人： 委 托 代 理 人：
电　　　　话： 电　　　　话：
电　　　　挂： 电　　　　挂：
开 户 银 行： 开 户 银 行：
账　　　　号： 账　　　　号：
邮 政 编 码： 邮 政 编 码：

_____工程项目一览表

附表1

序号	单位工程名称	建筑面积(m^2)	结构	层数	檐高(m)	跨度(m)	工程造价(元)	其中			开工日期	竣工日期	备注
								土建	水暖	电照			

_____工程项目一览表

附表2

序号	单位工程名称	工程内容	工程造价(元)	开工日期	竣工日期	备注

_____工程甲方供应材料设备一览表

附表 3

序 号	材料或设备名称	规格型号	单 位	数 量	单 价	供应时间	送达地点	备 注

专业主管部门意见：
(公章)
经办人： 年 月 日

建设单位开户建设银行审核意见：
建设银行（章）
经办人： 年 月 日

建设行政主管部门审批意见：
批准机关（章）
经办人： 年 月 日

工商行政管理机关鉴证意见：
鉴证机关（章）
经办人： 年 月 日

参 考 文 献

1. 丛培经主编．施工项目管理概论．北京：中国建筑工业出版社，1995
2. 高文安，刘兴才编．安装工程施工组织与管理．北京：中国建筑工业出版社，1996
3. 阮文主编．供热通风与建筑水电工程预算与施工组织管理．哈尔滨：黑龙江科学技术出版社，1997
4. 孙建民主编．电气照明技术．北京：中国建筑工业出版社，1998
5. 丁于钧主编．设备安装工程施工组织与管理．北京：中国建筑工业出版社，1996
6. 危道军主编．建筑施工组织与管理．北京：中国建筑工业出版社，2002
7. 吴根宝主编．建筑施工组织．北京：中国建筑工业出版社，1996
8. 王向学等主编．辽宁省工程造价专业人员业务培训教材．沈阳：沈阳出版社，2003